토닥토닥
수고했어
오늘도

토닥토닥
수고했어
오늘도

가와카미 유키 지음

박진희 옮김

살림

우리 집에 어서 오세요

당신은 어떻게 지내고 있나요?

저는 요즘 사람들이 부쩍 바쁘게 살고 있단 생각을 해요.

맡은 일의 강도도 높아지고, 세상일도 뭐 하나 만만한 게 없죠.

그렇게 밖에서 시달리다 집에 돌아오면,

집 안 정리다 뭐다 기다리고 있는 일이 산더미…….

하루가 정말, 눈코 뜰 새 없이 돌아갑니다.

저도 매일 일하느라 집안일이며 개인적인 볼일도 못 보고 살았죠.

바쁠 때는 세 시간도 못 잘 때가 있을 정도였거든요.

좋아하는 일이라 열심히 하고 싶어서 무리하곤 했지만,

쉬지 않으면 결국 지친 몸에 피로까지 쌓일 뿐이더군요.

몸에 피로가 쌓이면 말이죠.

좀처럼 머리도 돌아가지 않아서 일의 효율 또한 떨어지더라고요.

그제야 깨달았습니다.

'쉰다'는 것이 그 어떤 영양제보다 중요하다는 사실을요.
아마 당신도 주말이나 연휴가 되면,
부족했던 잠을 몰아 자고, 맛있는 것도 챙겨 먹는 등
제대로 쉬려고 노력하고 있을 테죠.

하지만 제가 당신에게 추천하고 싶은 것은
평일에 집에서 취하는 일상의 작은 영양, 하루하루의 '작은 휴식'이에요.
잘 자고, 잘 먹고, 잘 씻고, 잘 쉬면서 하는 '작은 휴식' 말입니다.

평소 하던 행동에 작은 무언가가 더해지는 것만으로 몸은 훨씬 편해집니다.
당신이 누워 있는 방에 한 가지 작은 변화를 일으키기만 해도
분명 몸과 마음이 편안해질 거예요.

"수고했어, 오늘도."
집에 들어가면 저를 따라서 자신을 토닥여주는 시간을 가져보세요.

하루하루 '작은 휴식'이 쌓이면요.
금요일이면 방전되던 내 몸도
계속된 야근으로 녹초가 되는 날도
조금씩 괜찮아지는 것 같아요.

세상 그 어디보다 가장 편한 곳은 나의 방.
'작은 휴식'을 위해
나는 오늘도 집으로 갑니다!

목차

1

수면

CHAPTER 제대로 잠들기 위해 준비해야 하는 것들

2

목욕

CHAPTER 몸과 마음을 씻는 가장 중요한 시간

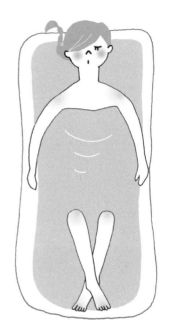

3 식사
CHAPTER 나에게 대접하는 근사한 식탁

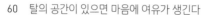

4 여가

CHAPTER 거실은 집에서 가장 즐거운 놀이터

5 준비

CHAPTER 내일의 시작은 오늘 저녁부터

깊은 잠 속으로 빠져들기 위해 준비할 것은
오늘 있었던 불쾌한 일들이나 했던 실수들을
모두 이불 밖에 두고 오는 거예요.

'몸'과 '뇌'는 깊은 잠으로 휴식을 얻는답니다.
잘 시간이 많지 않을 때도 작은 팁 하나로 뇌를 쉬게 한다면
수면의 질이 높아질 거예요.
질 높은 수면으로 피로를 풀고 마음과 몸을 리셋해볼까요?

수면

제대로 잠들기 위해
준비해야 하는 것들

잠을 부르는 빛이 있다

자, 오늘 밤은 깊은 잠의 세계로 당신을 안내할게요. 빛만 잘 이용해도 피로에
지친 나를 충분히 위로할 수 있답니다.

　준비할 것은 탁상용 스탠드예요. 머리맡에서 대각선으로 20~30 cm 떨어진
곳에 놓으면 준비 완료!

　이제 방의 불을 꺼서 극장처럼 깜깜하게 만든 다음, 스탠드의 작고 따스한
조명 아래 누워서 느긋하게 시간을 보내세요.

쿠울~

저녁 무렵 해가 바다에 잠길 때, 주변부터 서서히 어두워지면서 아름다운 그러데이션으로 물들잖아요? 그 느긋한 이미지를 떠올리며 잠의 세계에 빠져보는 거예요.

그렇게 하는 것만으로도 몸은 기분 좋게 잠들 준비에 들어간답니다.

뇌는 실내가 완전히 어두워져야 비로소 조용히 쉰다고 해요. 아주 작은 빛이라도 있으면 눈을 움직이게 되고, 그럼 결국 뇌도 일을 하게 되니까요.

오늘 밤은 깜깜한 방에서 편안히 잠을 청해볼까요?

굿잠 타임 테이블

1

자기 15분 전에 방의 불을 끄세요.

2

머리맡에서 조금 떨어진 곳에 스탠드를 켜놓은 다음 10~15분간 쉬세요.

3

잠이 스르륵 올 것 같으면 스탠드를 끄고 잠에 취해봅니다.

애착이불을 찾는 법

저는 출장이 잦은 직업이라 외박하는 일이 많아요. 그렇다 보니 잠자리가 다음 날 얼마나 큰 영향을 미치는지 잘 알게 되었답니다.

특히나 '이불'이 잠자리의 큰 부분을 차지한다는 사실도 깨달았죠. 기분 좋게 잠들기 위해서는 무엇보다 '안정감'이 필요한데, 포근히 감싸주는 이불이 그 역할을 하거든요.

예전에야 이불을 선택할 때 보온성을 최우선으로 생각해서 고가의 것을 구매했지만, 다들 아는 것처럼 요즘 이불은 대체로 보온성이 좋아 군이 값비싼 것을 살 필요가 없어요.

가격보다 더 중요한 건 몸에 와 닿는 이불의 무게죠. '압력'의 차이로 숙면의 여부가 결정되기 때문이에요. 폭 안기는 것처럼 이불이 자신의 몸을 감싸면 긴장이 풀어지고 안정감을 느껴 쉽게 잠들 수 있답니다.

포인트는 '어깨 주변'과 '전체 무게'에 있어요. 이 포인트가 자기 취향에 딱 맞으면, 마치 누군가가 지켜주는 것처럼 마음이 편안해지는 '애착이불'이 되는 거죠.

♥ 어떤 무게가 자신의 취향인가요?
이불이 가벼우면 부드럽게 느껴지고,
무거우면 안정감을 얻을 수 있어요.
자신의 취향을 고려하여 선택하세요.

이불을 알자

무엇보다 중요한 것은 감싸주는 듯한 안정감.

소재에 대해서도 좀 알아두면, 자신과 맞는 애착이불을 찾기가 쉬워요.

어깨와 목 주변의 틈을 없애세요

이불이 떠서 어깨나 목에 틈이 생기면 쉽게 잠들지 못한다는 걸 알고 있나요? 평소 자는 자세로 누워보고 틈이 느껴지면 담요나 타월을 목에 둘러서 조절하세요.

이불의 무게는 기호에 따라 조절!

너무 가벼우면 이불을 한 장 더 덮어서 안정감을 높여주세요. 하지만 너무 무거우면 몸이 피곤해지니 그럴 땐 좀 더 가벼운 이불로 바꿔야 해요.

소재에 따라 어떤 점이 다를까요?

오리털이나 화학섬유는 가볍고, 면으로 된 이불은 무거워요. 오리털 이불이 인기 있는 이유는 가벼운데다 피부에 매끄럽게 와 닿기 때문이죠.

계절별 작은 팁

 여름

겨울

땀을 흡수하는 패드를 시트 밑에 깔아 쾌적하게. 여름이어도 꼭 이불이 있어야 자는 사람은 땀이 나도 안심할 수 있어요!

담요는 밑에 깔고 자는 편이 따뜻해요. 너무 추울 땐 담요를 먼저 덮고 그 위에 이불을 덮으면 따끈따끈~!

머리 위치는 가장 기본적인 숙면의 조건

같은 방이라도 쉽게 잠드는 곳과 뒤척이게 만드는 곳이 있다는 거 아세요? 그 차이는 창이나 문 같은 '열린 공간'으로 결정된답니다.

'열린 공간'이란 추위나 더위, 빛이나 어둠이 들어오는 곳을 말해요. 특히 창 밑에 머리를 두면 추위나 더위를 느끼기 쉽고, 빛도 완전히 차단할 수 없기 때문에 얕은 잠을 자게 되죠. 창만큼은 아니지만, 침대에 누웠을 때 문이 보이면 불안함을 느끼게 된답니다.

Where is My Best?

문에서 멀어진다
실제로는 아무도 들어오지 않더라도 문에서 사람이 들어올 것 같은 '느낌'이 들어 불안해져요.

그래도 보이는 경우에는 눈속임을
아무리 피해도 잠자리에서 문이 보이는 경우에는 머리 옆쪽에 가구나 조명을 놓아 자신의 머리를 감추세요.

그렇다면 결론은 하나! 방의 구석, 아무것도 없는 벽에 머리를 두면 쉽게 잠들 수 있어요.

물론 수면은 아주 섬세한 행위라 개인차가 있어서 습도, 주위 소리, 층간 소음 같은 것도 무시할 수 없죠. 계속해서 머리의 위치를 바꿔가며 자보는 것도 편안한 잠자리를 찾기 위한 확실한 방법일 수 있답니다.

BEST

창 밑은 반드시 피한다
더위·추위가 들어오는 창 밑에 머리를 두는 것은 피해야 해요. 어쩔 수 없을 때는 두꺼운 암막커튼을 달아봅시다.

벽이나 구석을 향해 눕는다
구석은 거추장스러운 물건이 없어서 안정감이 느껴져요. 꼭 구석이 아니더라도 머리의 위치는 벽 쪽에 두어야 해요.

불면을 부르는 어수선한 잠자리

생각보다 꽤 많은 사람이 침실에 다양한 물건을 쌓아놓고 생활을 합니다. 따로 놓을 장소도 없고, 침실이라면 누가 들여다볼 염려도 없다는 마음에 철 지난 옷을 넣어둔 정리함, 여행용 캐리어, 안에 뭐가 들었는지도 모르는 택배 상자까지 쌓아놓죠.

　하지만 이 짐들의 위치를 조금 바꾸는 것만으로도 수면의 질을 높일 수 있답니다.

머리 근처에 짐들이 쌓여 있으면 자기 직전까지 물건들이 눈에 가득 들어오게 되죠. 그러면 그 자극으로 뇌의 흥분 상태가 지속되어 잠드는 걸 방해한답니다. 이때 짐들을 발치로 옮기면 머리맡의 소란스러움이 사라져 조용히 잠들 수 있어요.

혹시 짐을 옮길 장소가 없다면 내추럴 컬러의 리넨 천으로 짐들을 가려보세요. 시각적으로 어수선한 인상이 누그러들면 뇌도 차분해진답니다. 평온한 환경이 쾌적한 수면을 도와줄 거예요.

머리 옆쪽의 짐을 옮기자

포인트는 짐을 가능한 한 남기지 않고
모두 옮기는 거예요.
짐만 옮겼을 뿐인데도
확실히 개방된 느낌을 준답니다.

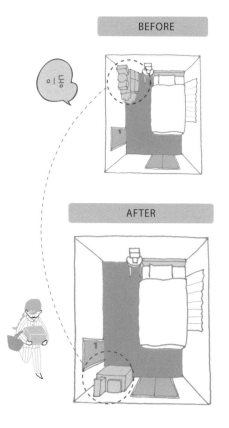

1 **머리 옆의 짐을 확인**

어느 정도 있는지 양을 확인하세요.

2 **옮길 장소를 고른다**

누웠을 때 보이지 않고, 문 또는
통로를 막지 않는 장소를 찾아봐요.

3 **모두 옮긴다**

짐을 몽땅 옮기세요. 옮긴 장소에서
짐 정리까지 마친다면 완벽합니다.
오늘부터는 여기가 너의 자리야!

나와 궁합이 딱 맞는 베개가 있다

보고, 듣고, 냄새 맡고, 느끼고, 생각하고……. 오늘 하루도 정신없이 혹사당한 우리의 머리. 잠잘 때는 살짝 딱딱하다 싶은 베개로 단단히 받쳐주세요.

　머리는 의외로 무게가 꽤 나가기 때문에 목이 쉽게 움직여요. 그래서 너무 푹신한 베개로 받쳐주면 오히려 불안정할 수 있어요. 폭신한 시폰 케이크보다 묵직한 브라우니를 좋아하는 사람이 있듯이 나와 궁합이 맞는 베개가 있답니다.

　잘 맞는 베개를 베고 자면, 그다음 날은 "잘 잤다" 소리가 절로 나올 만큼 몸으로 만족감을 느낄 수 있을 거예요.

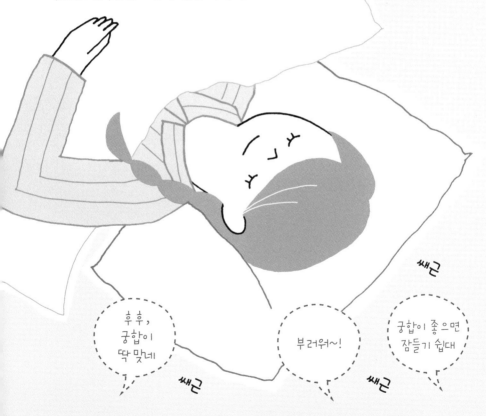

늘 베던 베개를 내 몸에 딱 맞게

늘 베던 베개라도 베는 법에 따라 수면의 질이 달라진답니다. 포인트는 목과 바닥이 수평이 되도록 조절하는 거예요. 혈액순환이 원활해져 쉽게 잠들 수 있죠.

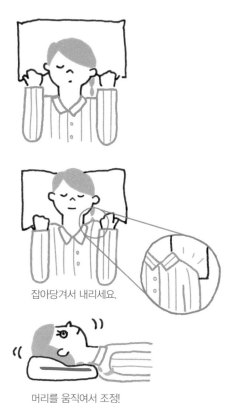

베개의 밑부분을 잡는다

양손으로 가볍게 잡으세요.

어깨 아래까지 집어넣는다

베개의 밑부분을 잡아당겨서 목 밑의 공간을 메우듯 어깨까지 집어넣으세요.

잡아당겨서 내리세요.

머리를 수평이 되게 한다

목과 바닥의 수평을 맞춘다는 느낌으로 턱을 들었다 내렸다 하며 조절하세요.

머리를 움직여서 조정!

주의해야 할 NG 포인트

너무 높거나 낮아도 불면의 원인이 된다

목이 위나 아래로 기울어지면 혈액순환이 원활하지 않아서 잠들기가 힘들어요.

너무 폭신폭신한 재질은 피한다

화학섬유나 부드러운 면으로 된 베개는 오히려 근육을 사용하게 만든다는 사실!

조금 단단한 편이 좋다

목 주변이 안정되고 뒤척거리기 편해요.

번잡한 짐은 예쁜 천으로 가리자

"아이, 예뻐라" 사람은 때론 기능 말고 비주얼만으로도 큰 행복을 느끼곤 하죠. 어쩌면 이것은 사람에게만 허락된 특권, 아니 특수 능력인지도 몰라요.

침구를 바꾸기만 해도 침실의 분위기가 확 바뀌면서 확실히 기분이 좋아지잖아요. 예뻐진 침대를 바라보노라면 잠도 솔솔 올 것 같은 느낌까지 들고요. 이런 비주얼의 변화는 빨리 잠자리에 들고픈 동기가 되어주기도 합니다.

앞쪽에 말한 리넨으로 침구를 마련할 때는 베개와 이불과 매트리스, 이 세 가지 커버를 기본으로 준비합니다. 시중에서 세트로 파는 것도 많지만, 리넨은 그 질감과 색감이 비슷해 따로 골라서 조합해보는 것도 나름대로 재미가 있어요.

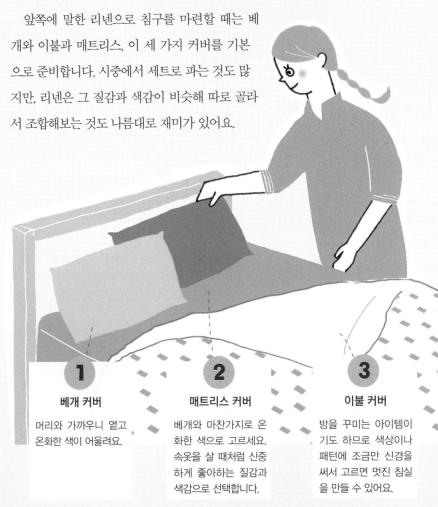

1 베개 커버

머리와 가까우니 옅고 온화한 색이 어울려요.

2 매트리스 커버

베개와 마찬가지로 온화한 색으로 고르세요. 속옷을 살 때처럼 신중하게 좋아하는 질감과 색감으로 선택합니다.

3 이불 커버

방을 꾸미는 아이템이기도 하므로 색상이나 패턴에 조금만 신경을 써서 고르면 멋진 침실을 만들 수 있어요.

세 가지 커버 중 어느 쪽이든 두 가지를 짝지어 마련하면 전체적으로 통일 감이 느껴지죠. 이때 나머지 한 가지는 튀는 색이나 무늬가 들어 있는 것을 골라도 딱히 실패할 일은 없어요. 이것만 명심하면 당신의 침실도 언제든 '비 주얼 침실'로 재탄생할 수 있답니다.

차분한 방으로 만들기 위한 추천 아이템

"리넨으로 된 침구라니······. 어떤 걸 골라야 할지 모르겠어"라고 불안해할 필요 없 어요. 아래에 제안한 아이템 중 어떤 것을 고르든지 바로 세련된 침대로 완성될 테 니까요.

2종을 화이트로!

매트리스와 이불 커버를 화이트로 꾸며보세요. 호텔과 같이 청결해 보이면서, 방을 넓어 보이게 하는 장점이 있답니다.

베개 커버만 색을 다르게! 너무 심심하다면 장식 쿠 션으로 포인트를 줍니다.

시크한 그레이 베이스

이불 커버를 제외한 2종을 다크 그레이로. 전체를 화이트로 꾸미 는 것에 비해 세련되고 어른스러 운 느낌을 줘요.

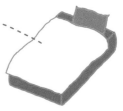

매트리스와 베개 커버가 어 두운색이라 이불은 어떤 색이든 잘 어울립니다.

윗면만 세트로 하면?

이불과 베개 커버를 세트로 하면 색감의 면적이 커져 침실이 화사 해 보여요. 이렇게 구성할 땐 시중 에 세트 상품이 많으니 선택지도 다양하죠.

윗면 2종 세트니까 매트리 스 커버는 무늬 없는 단색 이 좋아요.

침구 교체로 침실을 차분하게

침실을 온화한 색조의 리넨으로 꾸미면 쉽게 잠들지 못하는 당신도 편안히 잠들 수 있어요. 몸에 닿는 시트는 화이트나 그레이 컬러를 선택하고, 이불이나 보조 베개는 색이나 무늬가 있는 것으로 선택하면 침실이 화사해 보이죠.

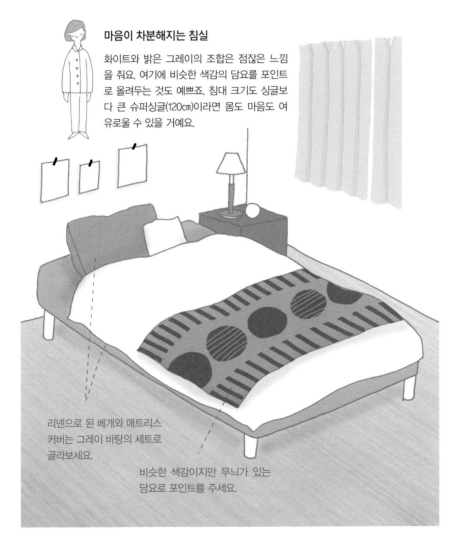

마음이 차분해지는 침실

화이트와 밝은 그레이의 조합은 점잖은 느낌을 줘요. 여기에 비슷한 색감의 담요를 포인트로 올려두는 것도 예쁘죠. 침대 크기도 싱글보다 큰 슈퍼싱글(120cm)이라면 몸도 마음도 여유로울 수 있을 거예요.

리넨으로 된 베개와 매트리스 커버는 그레이 바탕의 세트로 골라보세요.

비슷한 색감이지만 무늬가 있는 담요로 포인트를 주세요.

두 사람이 자는 침실

베개와 이불 커버를 세트로 꾸며봅시다. 이때 스트라이프를 사용한다면 시원하고 산뜻한 느낌을 줄 수 있어요. 50㎝의 커다란 베개 두 개를 더하면 서양식 침대 스타일링 완성! 비슷한 톤의 짙은 색 침구를 사용하면 차분한 느낌이 들어요.

커다란 베개를 놓아서
서양식 침대로.

이불과 베개 커버가
세트인 윗면 2종 세트.

이불과 요가 깔린 침실

흐트러져 보이지 않게 꾸미는 것이 중요해요. 몇 채의 이불이 깔렸어도 이불 커버가 같으면 깔끔해 보인답니다. 쟁반을 놓아두면 물건을 놓는 범위가 정해져서 깔끔함이 UP!

쟁반에 물건을 놓아 보기 좋게. 어질러져 보이는 것을 방지합니다.

요와 베개 커버
2종 세트로 꾸며요.

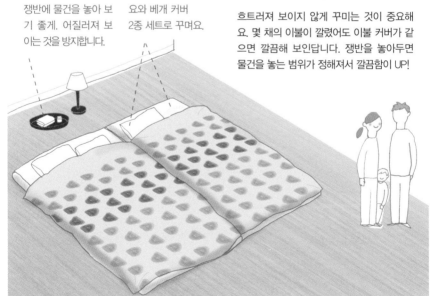

머리맡에는 익숙한 책을 둔다

온종일 활발하게 움직인 머릿속을 천천히 누그러뜨려보세요. 그것이 폭 잠들기 위한 출발점이랍니다.

머리맡에 책을 두는 것도 하나의 방법이에요. 단, 뇌를 쉬게 하기 위한 책이니까 당연히 일과 연관된 건 안 되겠죠? 오히려 좋아하는 책이라 몇 번이고 읽어서 내용도 결말도 모두 알고 있는 편이 좋아요.

'좋긴 좋은데, 새로울 것도 없고 옛날만큼 재미도 없네……'라는 생각으로 페이지를 넘기다 보면 어느새 잠들기에 최적한 상태가 된답니다. 새로운 자극이 없으니까 서서히 깊은 잠의 세계에 떨어지고 마는 거죠.

당신 안에 '생각=말'이 가득한 날에는 뉴스나 일에 관련된 것이 아닌, 다른 종류의 '말'로 덮어버리는 거예요. 어때요, 좋은 생각이죠?

평온한 밤을 위한 추천 도서 -

『생이 보일 때까지 걷기』 크리스티네 튀르머 지음

평범한 직장인이었던 주인공이 12,700km가 넘는 미국의 3대 트레일을 걸으며 보고, 듣고, 느낀 것을 담은 에세이랍니다. 독특한 경험과 자기 내면에 대한 깨달음, 그리고 자연이 베푼 가르침 등을 풀어낸 책이죠.

이상적인 머리맡

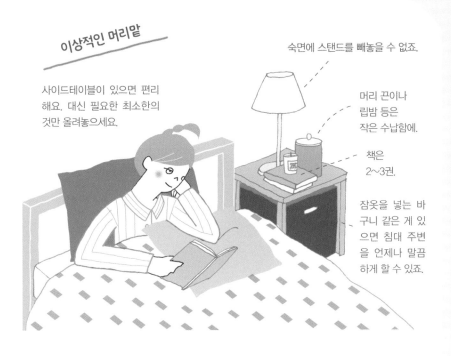

사이드테이블이 있으면 편리해요. 대신 필요한 최소한의 것만 올려놓으세요.

숙면에 스탠드를 빼놓을 수 없죠.

머리 끈이나 립밤 등은 작은 수납함에.

책은 2~3권.

잠옷을 넣는 바구니 같은 게 있으면 침대 주변을 언제나 말끔하게 할 수 있죠.

『**아침 시**』 오민석 지음

인생, 사랑, 풍경이라는 주제로 시를 묶고 해설을 더한 시집이에요. 지루한 일상, 건조한 인간관계, 한없이 가벼운 삶의 무게를 깨뜨려주는 시, 그리고 신선한 새벽 기운, 청명한 아침 햇살, 산들대는 첫 바람 같은 시가 담겨 있어요.

침실은 은은한 간접조명으로

스탠드도 방의 분위기에 따라 어울리는 형태가
있다는 거 아세요?
"내 침실…… 한마디로 말하자면 이것?"
자신이 생각한 콘셉트에 어울리는 것으로 고르
면 통일감 있는 침실 스타일링을 할 수 있어요.

1
멋스러운 스타일

실용적인 느낌의 침실에

구부러지는 기둥이 오브제
같아서 존재 자체로 근사한
워크램프. 큰 편이므로 넓은
공간에 어울려요.

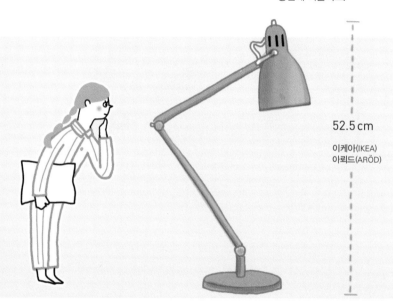

52.5 cm

이케아(IKEA)
아뢰드(ARÖD)

Q 어떤 스탠드를 골라야 할까?

포인트는 세 가지예요.
① 손을 뻗어 닿는 위치에 스위치가 있
  을 것(자기 전에 끌 수 있어야 해요).
② 작은 사이즈(거추장스럽지 않은 것
  이 좋아요).
③ 5만 원 전후(비싸지 않아야 쉽게 시
  도할 수 있어요).

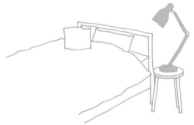

놓을 곳이 마땅치 않을 때는 스툴에 올려놓아
도 멋이 난답니다.

2

심플 모던 스타일

북유럽 느낌을 살린 침실에

몸통도 갓도 스퀘어 타입인
스탠드는 세련된 인상을 줘요.
심플한 방에 잘 어울리죠.

3

영원한 공주 스타일

꽃무늬와 레이스가 있는 침실에

밑으로 퍼지는 갓은 우아한 분위기
를 풍겨요. 꽃무늬나 레이스로 꾸민
방에 잘 맞죠.

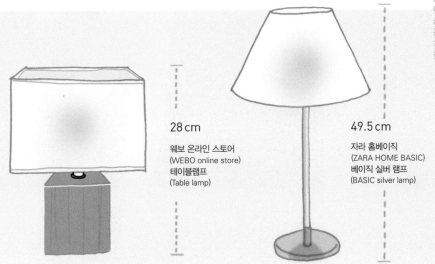

28 cm

웨보 온라인 스토어
(WEBO online store)
테이블램프
(Table lamp)

49.5 cm

자라 홈베이직
(ZARA HOME BASIC)
베이직 실버 램프
(BASIC silver lamp)

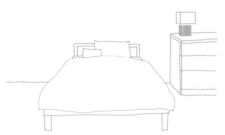

존재감이 미미한 편이어서 작은 침실에서도
그다지 눈에 띄지 않지만, 제 역할을 하는
스탠드예요.

화장대 거울 앞이나 사이드테이블에 유리병
과 함께 두면 화사한 분위기를 낸답니다.

잠은 나를
다시 태어나게 하는 일

잠 한번 실컷 자보는 게 소원이라는 사람, 의외로 많죠? 그만큼 시간에 쫓기며 살고 있다는 뜻일 거예요.

　그렇다면 이렇게 생각해보는 건 어때요? "부족한 수면 시간은 '질'로 보충하자!" 물리적인 시간은 어쩔 수 없지만, 나의 작은 행동으로 수면의 '질'을 변화시켜서 '푹 잤다'라는 것을 실감하게 하는 거죠. 베개 베는 법을 달리해보고, 이불을 바꾸어보는 등 작은 일부터 시작해보세요.

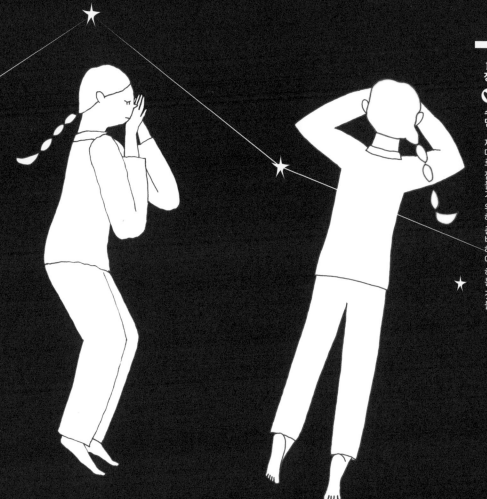

　수면은 섬세한 행위기 때문에 자신에게 맞는 방법을 찾으면 수면의 질이 쑥 높아진답니다.

　저는 늘 '잠은 다시 태어나는 일'이라고 믿어왔어요. 거칠어진 피부도, 끙 끙대고 있는 자신도 푸~욱 자고 나면 리셋되니까요. 그러니까 오늘도 기분 좋게 잠자리에 들자고요. 생각을 바꾸는 것이야말로 가장 손쉽게 수면의 '질'을 높이는 방법이랍니다.

잠들지 못하는 불면의 밤에는 어떻게 할까?

내일 있을 프레젠테이션, 작업의 진척 상황, 저녁 시간에 나눈 친구와의 대화……. 작은 일이긴 해도 신경 쓰이는 일이 끊이지 않는 하루하루. 특히 마음이 약해졌을 때나 몸이 무겁게 느껴지는 날에는 더 잠들기가 쉽지 않죠.

그런 날일지라도 쉽게 잠들기 위한 아이디어를 준비해봤어요. 이 중 몇 개만이라도 자신에게 맞는 방법을 익혀두면 쉽게 잠들지 못하는 밤이 더 이상 두렵지 않을 거예요.

방석에 다리를 올려 머리보다 높게 한다

몸이 너무 피곤하면 잠도 오지 않아요. 다리를 올려서 혈액순환을 원활하게 만들어주세요.

눈을 감고 즐거웠던 일을 떠올린다

긍정적인 일을 생각하면 마음이 차분해지죠. 예를 들어 즐거웠던 여행을 떠올리면서 "자야지~" 하고 자기 암시를 걸어보는 거예요.

호흡을 의식하면서 천천히 숨을 내뱉는다

7초간 코로 천천히 공기를 들이마시고, 3초간 멈춘 다음, 7초간 입으로 가늘게 숨을 내뱉어보세요. 호흡을 정리하면 마음이 가라앉아요.

더운 밤에는 목의 땀을 닦아 주세요

등 뒤의 땀이 요에 배면 축축한 느낌에 잠이 안 올 수 있어요.

손발의 호흡을 의식하여 집 중해보세요

'손발이 호흡하고 있다'는 느낌 으로 몸의 호흡에 집중해봅니다.

추운 밤에는 목 뒤가 따뜻해 야 해요

목덜미(옷깃 아래쪽)에 핫팩을 붙여서 따뜻하게 해줍니다.

따끈한 우유를 조금 마셔요

우유 반 컵 정도를 전자레인지 에 데워 마시면 몸이 따뜻해진 답니다.

팔과 다리를 벌려 대자로 누 워볼까요?

주먹을 쥐면 손에 힘이 들어가 니까 자연스럽게 두세요. 그리 고 큰 대자로 누워 릴랙스.

족욕을 하면 빠른 효과를 얻 을 수 있죠

대야에 42도 이상의 좀 뜨겁다 싶은 물을 붓고 10분간 발을 담그는 거예요.

자기 전에 자극은 금물이랍 니다

스마트폰이나 텔레비전을 보면 자극이 강해서 잠에서 깨요.

소곤거리며 이야기하는 라디오를 듣는 것도 좋아요

조용한 프로그램이라면 의식 도 몽롱해지거든요.

아예 자려는 마음을 접어볼 까요?

자려고 너무 의식하면 되레 예 민해지니까 일어나서 일단 리 셋해봅시다.

잠에도 사이클이 있다

취침 중에는 90분 간격으로 논렘수면*과 렘수면*을 반복한다는 이야기를 들어본 적 있나요? 그 사이클을 이용해서 얕은 잠을 잘 때 일어나면 잠을 깨기가 좋다는 설이 있어요.

'내일 아침에는 5시 반에 일어나야 해'라고 계획한 날에는 저도 이 방법을 이용해 알람을 맞춰놓는답니다. 기분 탓인지는 몰라도 아침에 산뜻하게 눈이 떠져서 가뿐하게 출근할 수 있더라고요. 비과학적일 수 있지만, 나에게 효과 만점이라면 그것만으로 충분한 거죠. 각자 기분 좋게 일어나는 법을 연구해보자고요!

상황별 알람의 예

매일 밤 12시에 잔다.   →   알람은 90분의 배수로 6시나 7시 반에 맞추세요.

쉽게 잠들지 못하지만 8시 반에는 일어나야 한다.   →   역으로 계산하면 1시 취침이 베스트. 12시 반에는 침실로 GO!

♥ 논렘수면(NREM): 깊은 잠. 렘수면 이외의 수면 시간을 가리키는 말로 호흡, 심박수가 느려지고, 혈압이 낮아져요.
♥ 렘수면(REM): 얕은 잠. 안구가 활발하게 움직이며 활동 중에 얻은 정보를 처리해요. 보통 이때 선명한 꿈을 꿔요.

일어날 때도 새로운 습관을 들이자

일어나면 팔을 쭈욱 뻗어 크게 기지개를 켜보세요. 잠자리에서 나오면 창이나 베란다로 가서 아침 햇살을 받아보세요. 그리고 이불을 들어 올려 공기를 머금게 한 다음, 한 번 털어서 정리해보세요.

딱 2분 정도의 투자로 몸은 상쾌해지고 이불 정리도 깔끔하게 된답니다. 저녁에 지친 몸으로 돌아왔을 때 침대가 깨끗이 정리되어 있으면 기분도 좋잖아요.

세 부분의 각을 맞추면 정리된 듯 보여요.

이불은 옆쪽에서 번쩍 들어 올리면 깔끔하게 정리됩니다.

쉼표 하나
잠들지 못하는 밤에 하는 일

마음이 어수선하여 잠들지 못하는 밤, 남자친구에게 전화를 걸어 질문을 해봅니다. 부끄러움 따위 던져버리고 묻죠.

"오늘 내가 제일 예뻤던 때는 언제였어?"
잠시 침묵이 흐르고 나오는 답이란 게 말이죠.
"음~, 밥을 맛있게 먹고 있을 때…… 였었나."
그렇군. 옆구리 찔러 절 받는 꼴이긴 하지만 '좋아해준 순간이 오늘도 있었다'는 생각에 기분이 좋아져서 안심하게 됩니다. 나도 보답으로 남자친구가 좋았던 순간을 말해주고 잠이 들죠.

아함~ 잘 잤다

너무 바쁜 날이 이어지면 마치 내가 없어질 것만 같은 기분이 들 때가 있어요. 그런 날에는 확실한 단어로 표현되는 말이 마음을 안정시켜주더라고요. 직접 누군가에게 물을 수 없다면, 칭찬받았던 일을 떠올리면서 잠이 드는 것도 좋겠죠. 마음이 가라앉으면 잠도 푹 잘 수 있으니까요.

덧붙이자면, 제 질문에 남자친구가 하는 대답의 70%는 '밥을 맛있게 먹고 있는 모습'입니다. 대충 얼버무리는 감이 없진 않지만, 뭐 그렇게라도 이야기해주는 게 어딘가 싶어 모른 척하곤 해요.

몸뿐만 아니라 마음까지.
나를 위한 치유의 시간을 가져봐요.

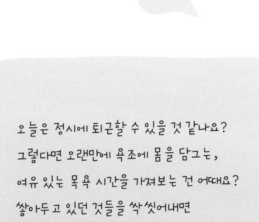

오늘은 정시에 퇴근할 수 있을 것 같나요?
그렇다면 오랜만에 욕조에 몸을 담그는,
여유 있는 목욕 시간을 가져보는 건 어때요?
쌓아두고 있던 것들을 싹 씻어내면
몸도 마음도 가벼워질 거예요.

2
CHAPTER

- - - - - - - - - - - -

목욕

몸과 마음을 씻는
가장 중요한 시간

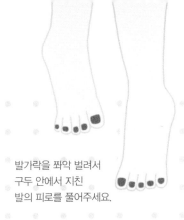

목욕 후 잠들기 전까지
화려하게 보내는 법

간만에 집에 일찍 들어온 날에는 '휴식을 위
한 스페셜 목욕 프로그램'으로 심신의 피로
를 풀어봅시다.

발가락을 쫘악 벌려서
구두 안에서 지친
발의 피로를 풀어주세요.

　욕조에서 유유자적하는 것만으로도 잔뜩
긴장되어 있던 몸이 이완된답니다.

22:00	**22:45**
입욕	케어 타임

목욕으로 따뜻해진 몸이
살짝 식었을 때가 기분 좋
게 잠들 수 있는 베스트
타이밍이에요. 잠들기 두
시간 전쯤 목욕하면 딱 맞
아요!

욕조에 몸을 담그기만 해
도 보습 효과가 있어 피
부가 탱탱해져요. 기쁜 마
음으로 정성 들여 케어해
봅시다. 머리 말리는 것도
잊지 말고요!

셀프 마사지 타임.
허벅지 안쪽 근육에
자극을 주면 시원해요!

매끈

매끈

쿠울쿠울~ 피부도 나도 충분히 휴식.

 23:15
뒹굴뒹굴

 23:45
잠자리에 든다

 24:00
잔다

발이 차가워지지 않도록 양말을 신고 근육이 굳기 전에 마사지를 해주세요. 간단한 스트레칭으로 혈액순환을 원활하게 할 수 있어요.

오늘은 충분한 잠으로 몸을 확실히 쉬게 해볼까요? 스마트폰은 멀리 밀쳐두고, 솔깃한 밤 외출도 패스하고, 침대로 GO!

방에 불을 끈 다음, 머리맡의 스탠드를 켜고 멍하니 있다 잠의 세계로…….
푸~욱 잠들어버립시다!

43

힘든 날에는 욕조 타임을 갖자

풍덩~! 욕조에 몸을 담그는 건 집에서 할 수 있는 가장 손쉬운 릴랙스 방법이에요. 바쁜 평일이라도 일주일에 한 번은 욕조 목욕을 하는 게 좋답니다.

우리는 매일 직장에서 같은 자세로 일하고 있잖아요. 그러면 혈액순환이 저하되어 피로가 쉽게 풀리지 않는답니다. 이럴 때 온종일 고생한 몸을 욕조에 담그면 혈액순환이 원활해져서 온몸의 피로가 풀리죠.

욕조 목욕의 효과가 확실히 나타나는 것은 몸속까지 따뜻해졌을 때예요. 감자를 삶을 때도 속까지 익는 데 시간이 꽤 걸리잖아요.

몸도 15~20분 여유롭게 욕조에 몸을 담가야 속까지 온기가 퍼진답니다.

자, 이제 따끈따끈 아니 후끈후끈한 몸을 만들 준비가 됐나요?

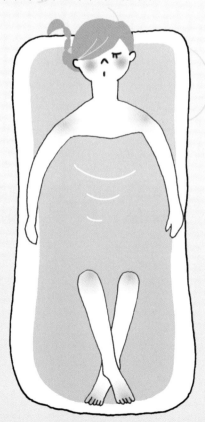

컨디션에 따라 물의 온도도 달라야 한다

'뜨거운 물'과 '따끈한 물'은 효과가 다르니까 구별해서 사용하는 게 좋아요. 욕실의 환경이나 계절에 따라 살짝 다르지만, 손을 넣어서 '뜨겁다'고 느끼면 42도, '적당하군, 따뜻해'라고 느끼면 40도 정도랍니다.

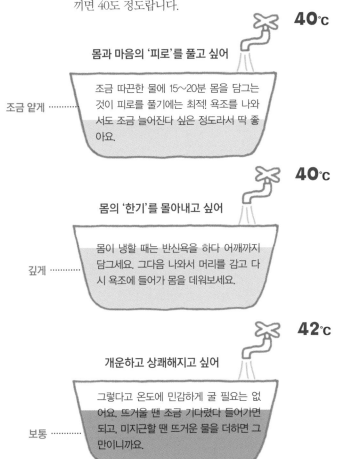

40℃

몸과 마음의 '피로'를 풀고 싶어

조금 앝게 ⋯⋯⋯

조금 따끈한 물에 15~20분 몸을 담그는 것이 피로를 풀기에는 최적! 욕조를 나와서도 조금 늘어진다 싶은 정도라서 딱 좋아요.

40℃

몸의 '한기'를 몰아내고 싶어

깊게 ⋯⋯⋯

몸이 냉할 때는 반신욕을 하다 어깨까지 담그세요. 그다음 나와서 머리를 감고 다시 욕조에 들어가 몸을 데워보세요.

42℃

개운하고 상쾌해지고 싶어

보통 ⋯⋯⋯

그렇다고 온도에 민감하게 굴 필요는 없어요. 뜨거울 땐 조금 기다렸다 들어가면 되고, 미지근할 땐 뜨거운 물을 더하면 그만이니까요.

욕조에 물 받는 것조차 귀찮은 당신에게

뜨거운 물을 받는 데 걸리는 시간은 약 20분. 멍하니 있기보다는 20분 만에 끝낼 수 있는 일을 해보세요. 다른 일을 하다 보면 어느새 욕조도 차 있을 거예요.

클렌징과 이 닦기

욕조에 물을 받을 때 세면대에서 기초세안을 하세요.

설거지와 뒷마무리

이것만 끝내면 목욕하러 간다는 생각으로 집안일을 마무리해보세요.

피로가 사라지는 욕조에는 '뭔가' 특별한 것이 있다

어쩔 수 없이 하는 것보다 욕조에 들어가는 게 좋아서 하는 편이 당연히 기분도 더 좋겠죠? 금방 따분해져서 욕조에 오래 못 있겠다는 분들을 위해, '이것' 하나로 욕조가 특별해지는 아이디어를 소개할게요.

시야를 변화시키는 스타일

불만 꺼도 이색 공간이 돼요
암흑탕

조명을 꺼서 깜깜하게 하면 평소의 욕실과는 전혀 다른 세계처럼 보여요. 욕실용 LED 라이트나 양초를 켜놓으면 저절로 릴랙스가 되는 기분!

녹색식물을 놓아봐요
정글탕

집 안에 뒀던 화분을 욕실 창가에 놓아서 작은 정글을 만들어보세요. 녹색식물 하나로 달라진 욕실 분위기에 생각보다 오랫동안 앉아 있을 수 있어요.

소리를 더하는 스타일

스마트폰을 세면대에
뮤직탕

스마트폰을 세면대에 올려놓으면 욕실
스피커를 따로 준비하지 않아도 충분히
음악을 즐길 수 있어요. 아직 다섯 곡도
채 안 들었는데 벌써 15분이 후딱!

우아한 스타일

여름만의 즐거움
냉탕

여름철엔 온종일 열을 받은 탓에 온몸이 뜨
끈뜨끈. 너무 차갑지 않은 물을 받아서 몸을
담가보세요. 사우나를 하고 나왔을 때처럼
몸속에서 열이 빠져나와 기분이 좋아져요.

휴일의 즐거움
한낮의 탕

대낮부터 욕조에 몸을 담그는 여유.
이거야말로 목욕의 묘미이자 최고의 릴랙스죠.

향기 스타일

향을 조합하여 나만의 탕을!
향기탕

좋아하는 향의 에센셜 오일을 두
종류 정도 섞어서 욕조에 넣어보
세요. 신기하게도 좋아하는 향기
들은 어떤 조합이라도 찰떡궁합!

귤피를 퐁당
감귤탕

감귤류는 껍질 부분에 향기 성분이 집약되어 있
으니 깨끗하게 닦은 껍질을 그대로 욕탕에 넣어
주면 돼요. 한라봉처럼 껍질이 두꺼운 것일수록
향기가 진하게 난답니다.

마음의 피로까지 풀어주는 향기 사용법

평소 마음이 답답하다고 느낄 때면 저는 좋아하는 에센셜 오일을 꺼내 향을 살짝 맡아서 곧바로 기분 전환을 하곤 했어요. 그래서 나름대로 향기와 기분은 깊은 연관이 있다고 자신해왔는데, 며칠 전 솔깃한 이야기를 들었답니다.

후각은 사람의 오감 중에서도 '생각하기 전에 느끼는' 유일한 감각이라고 해요. 즉 좋은 향기를 맡으면 즉각적으로 감정에 자극이 도달한다는 거죠. 즉효성이 있다는 확증을 얻자, 모두에게 더욱 권하고 싶어졌답니다.

1. 먼저 욕조에 한 방울

물이 아직 따뜻해서 수증기가 퍼질 때 몇 방울 떨어뜨려요. 이렇게 하면 수증기와 함께 좋은 향을 들이마실 수 있죠.

2. 잠들기 전, 티슈에 떨어뜨려서

티슈에 떨어뜨려서 가까운 곳에 두면 은은하게 향을 즐길 수 있어요. 네 번 접은 티슈에 오일을 몇 방울 떨어뜨려서 침대 옆에 놓아보세요.

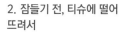

좋아하는 에센셜 오일
마지막까지 쓰는 법

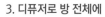

3. 디퓨저로 방 전체에

방 전체에 향기를 퍼뜨리고 싶을 때는 디퓨저를 사용해봐요.

7. 마지막은 탄산수소나트륨에 넣어서

오래된 에센셜 오일은 피부에 사용하지 마세요. 유리 용기에 탄산수소나트륨 2큰술을 넣고 오일 5~10방울을 가미하면 거치식 방향제로 쓸 수 있답니다.

개인적으로 좋아하는 에센셜 오일

에센셜 오일은 천연식물 성분 100%로 만들었기 때문에 안심하고 직접 몸에 뿌려 즐길 수 있어요.

스파이크 라벤더
일반 라벤더보다 야생적

베르가못
떫은 감귤계

6. 수제 탈취제에 몇 방울

화장실에서 볼일을 본 다음에 칙칙 뿌리는 탈취제도 에탄올과 정제수에 에센셜 오일을 넣어 만들 수 있어요.

에센셜 오일의
일곱 가지 변화

5. 보디크림에 몇 방울

무향·액상의 보디크림에 오일을 몇 방울 투척해서 사용해보세요. 특히 설거지처럼 고된 일을 한 뒤에 손에 바르면 기분이 좋아져요.

4. 코로 들이마시기

병을 코끝으로 가져와서 왼쪽, 오른쪽 교대로 들이마셔 볼까요? 이때 너무 들이마시지 않도록 주의만 하면 기분이 확 달라질 거예요.

매혹적인 샤워기 헤드 교환

샤워기 헤드만 바꿔도 욕실을 완전히 리모델링한 것처럼 기분 전환이 가능해요. 샤워기 헤드를 분리하는 데는 특별한 도구 따위 필요 없으니까 혼자서도 할 수 있답니다. 그저 손으로 빙글빙글 돌려서 뺀 다음, 맘에 드는 것으로 바꿔서 끼면 되거든요.

　파워 제트, 미세 물줄기, 정수 기능, 헤드에 전원 버튼이 달린 것까지 샤워기 헤드의 종류도 다양하답니다. 마트나 인터넷에서 1~3만 원 정도면 괜찮은 제품을 살 수 있어요. 물론 훨씬 비싼 것도 있지만요.

- - - - - - - - - - - - - **샤워기 헤드 교환법** - - - - - - - - - - - - -

1
호스와 헤드를 잡는다
헤드를 잡고 다른 손으로 호스의 금속 부분을 잡으세요.

2
반시계 방향으로 돌린다
그대로 돌리면 빠지는데 잘 안 빠질 경우에는 타월로 닦아낸 후 시도해보세요.

3
새로운 헤드를 끼운다
시계 방향으로 끼워 넣으면 끝. 문제가 없을 경우 15분 정도가 소요될 거예요.

※ 간혹 새로운 샤워기 헤드가 호스와 안 맞는 경우도 있어요. 이때 너무 실망하지 말고 시중에서 파는 중간 밸브를 사서 끼우면 된답니다.

하지만 꼭 비싸야 좋은 건 아니잖아요. 샤워기 헤드가 기존에 썼던 것보다 살짝 커지기만 해도 머리를 흠뻑 적셔주는 온수에 기분이 좋아지죠. 또 샤워기에서 미스트같이 물이 나오면 평소와 다른 특별한 감각이 느껴지잖아요. 그것만으로 충분하지 않을까요?

목욕에 시간을 많이 쓸 수 없을 때는 이렇게 샤워만 해도 충분히 즐거워지고 기분 전환이 된답니다.

목욕 후에 몸을 감싸는 타월도 중요!

욕조에서 나와 푹신한 타월로 몸을 감싸는 것, 상상만 해도 얼굴에 미소가 떠오르지 않나요? 목욕 후에는 꼭 맘에 드는 타월에 얼굴을 묻고 '하나, 둘, 셋!' 하고 속으로 숫자를 세어보세요. 타월과 자신이 한 몸이 된 세계에 빠져보는 것이야말로 완벽한 목욕의 마무리랍니다.

요즘 타월은 진화의 속도가 정말이지 굉장하더군요. 섬유를 짜는 방법, 실과 실의 짜임, 신소재까지. 이런 기술의 발전으로 '폭신'의 정도도 다양해지고 있답니다.

타월에 대해 잘 모른다면, 일단 짜임새가 쫀쫀한 게 좋은지 엉성하여 폭신한 게 좋은지부터 생각해보세요. 기본적인 취향과 세탁의 용이성 등을 검토하다 보면 당신에게 맞는 실용적인 타월을 찾을 수 있을 거예요.

**나를 위해
최고의 타월을
준비해보자**

촉감을 결정하는 것은 타월 표면에 나 있는 '루프'예요. 그 길
이에 따라 묵직한 스타일과 폭신한 스타일로 나뉜답니다.

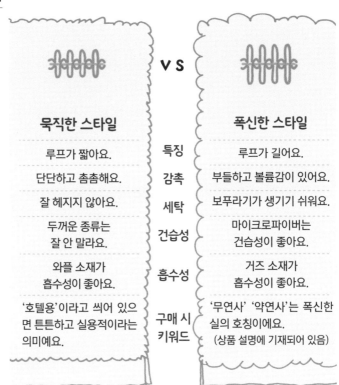

	묵직한 스타일		폭신한 스타일
특징	루프가 짧아요.		루프가 길어요.
감촉	단단하고 촘촘해요.		부들하고 볼륨감이 있어요.
세탁	잘 헤지지 않아요.		보푸라기가 생기기 쉬워요.
건습성	두꺼운 종류는 잘 안 말라요.		마이크로파이버는 건습성이 좋아요.
흡수성	와플 소재가 흡수성이 좋아요.		거즈 소재가 흡수성이 좋아요.
구매 시 키워드	'호텔용'이라고 씌어 있으면 튼튼하고 실용적이라는 의미예요.		'무연사' '약연사'는 폭신한 실의 호칭이에요. (상품 설명에 기재되어 있음)

VS

작은 연출로 최상의 레벨 완성

세탁으로 부풀린다

타월을 널 때 반으로 접어서 가운데를 잡고 탁탁 털어 널면 섬유가 제자리로 돌아와 부풀어요.

**정리할 때는
접은 부분을 앞으로**

접은 부분이 정면을 향하도록 놓으면 타월이 잘 정리된 듯 보여요. 마치 호텔처럼!

**입욕 전에
갈아입을 옷을 준비한다**

타월과 갈아입을 옷을 준비해서 세면대에 올려두세요. 목욕을 마치고 나왔을 때 공주가 된 듯한 기분이 든답니다!

나에게 선물하는 간단 안마법

얼마 전 충격적인 이야기를 하나 들었어요. "종일 의자에 앉아만 있는 건, 종일 흡연하는 것과 같다"는 연구 결과가 각국에서 연이어 발표되고 있다는 거예요. 하반신에 혈류가 뭉치면 혈액이 진득해져서 대사도 떨어지고 질병에 걸릴 가능성이 높아진다는 거죠.

요즘은 대부분의 사람이 일고여덟 시간을 앉아서 일하잖아요? 저 또한 그렇기에 그 말이 마치 암 선고처럼 느껴졌답니다. 하지만 일을 안 할 수는 없으니 생활에 몇 가지 변화를 주기로 했죠.

일할 때 한 시간에 한 번 일어나는 것만으로도 몸에 부담이 줄어든다고 해요. 그래서 일단 계속 앉아 있지 않도록 조심하고 있죠. 가장 큰 변화는 목욕 전후에 시간을 내서 셀프 마사지를 하게 되었다는 거예요.

태국에서 하반신에 집중 마사지를 받았던 때를 떠올리며 종아리와 허벅지를 중심으로 주물러준답니다. 욕조에 앉아 있는 김에 하는 거지만, 안 한 날과 비교하면 몸이 훨씬 가벼워지는 느낌이에요.

목을 돌리다가 아픔이 느껴지면, 그 위치에서 5초 정도 멈춰 근육을 늘려줍니다.

입욕 전

목을 천천히 돌린다

하반신만큼은 아니지만, 목도 꽤 굳어 있어요. 어깨는 두고 목을 오른쪽으로, 왼쪽으로 가볍게 돌리며 근육을 풀어주세요.

입욕 중

종아리를 주무른다

발끝에 정체된 혈류를 심장으로 돌려보낸다는 느낌으로 밑에서 위로 주물러주세요.

종아리에 손을 밀착시켜 그대로 위쪽으로 주무르며 올라갑니다. 엄지에 힘을 주면 시원해요.

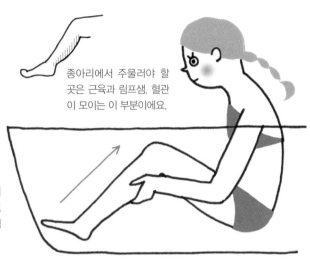

종아리에서 주물러야 할 곳은 근육과 림프샘. 혈관이 모이는 이 부분이에요.

입욕 후

허벅지 안쪽 근육을 당겨준다

다리를 벌린 채 양손을 모으고 몸을 앞으로 구부리세요. 좌우로 몸통을 움직이면서 안쪽에서 바깥쪽으로 나아가면, 허벅지 안쪽이 당기는 느낌이 들며 스트레칭이 될 거예요.

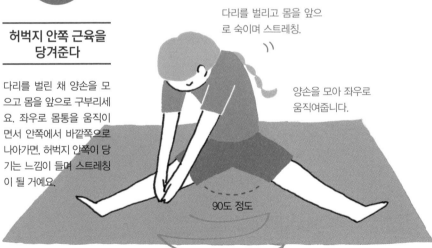

다리를 벌리고 몸을 앞으로 숙이며 스트레칭.

양손을 모아 좌우로 움직여줍니다.

90도 정도

호사스럽게 욕실을 꾸미면

"휴, 오랜만에 몸을 담그니 좋구나" 하고 욕조에 몸을 뉘었을 때 눈앞의 욕실이 고급스러워 보인다면 기분이 좀 색다르겠죠?

아파트는 대부분 흰색의 세면대와 욕조로 되어 있잖아요. 그래서 아이템도 흰색으로 통일해 청결한 느낌으로 꾸미는 것이 보통이죠. 물론 그것도 나쁘지는 않지만, 초콜릿색처럼 포인트가 되는 짙은 색을 배치하면 욕실이 훨씬 어른스러운 분위기를 풍긴답니다. 원래 흰색이 가득한 공간은 평면적으로 밋밋해 보이기 마련이어서 바닥 쪽에 색을 넣어 안정감을 주는 게 인테리어의 기본이거든요. 그 이론을 욕실에도 적용해보는 거예요.

매일 사용하는 욕실에서 고급스러운 느낌을 받는다면 "오늘 하루도 잘 버텨줘서 고마워!" 하고 선물 받는 기분이 들 거예요.

짙은 색은
럭셔리한 분위기를
풍긴다

주목할 아이템은 세 가지! 전부 바꾸지 않더라도 바닥을 중심으로 짙은 색을 넣어주면, 럭셔리한 분위기가 난답니다.

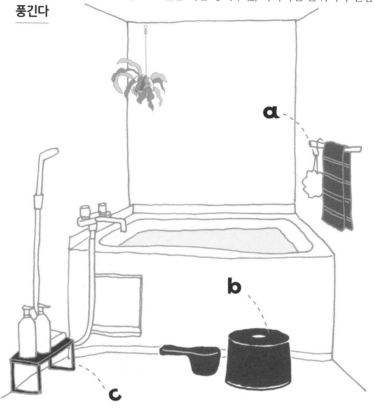

체크 포인트

**걸어두는 아이템 중에서는
타월을 짙은 색으로**

샤워타월(좌)을 짙은 색으로 하면 청결해 보이지 않으니 색은 타월에 맡기세요.

**의자와 물바가지를
짙은 색 세트로**

달콤해 보이는 초콜릿색은 어떨까요? 이때 물바가지는 손잡이가 있는 게 사용하기 편해요.

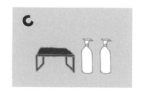

**용기와 선반 중
한쪽을 짙은 색으로**

선반이 흰색이면 용기를 초콜릿색으로, 용기가 흰색이면 선반을 초콜릿색으로 골라보세요.

욕실을 근사하게 바꾸는 세 가지 방법

근사하게 보이고 싶을 때는 ① 눈에 띄는 컬러 포인트 ② 짙은 색 사용 ③ 청결하고 어른스러운 분위기. 이 중에서 하나만 신경 써도 바로 변화를 느낄 수 있어요.

1

recommend goods

모노톤의 패키지

리필용 페트병과 나란히 놓아도 분위기 있어 보여요

욕실계의 꽃미남. 임팩트가 강하니까 하나만 놓아도 쿨한 느낌!

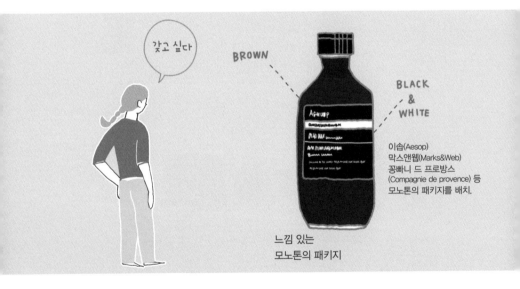

갖고 싶다

BROWN

BLACK & WHITE

이솝(Aesop)
막스앤웹(Marks&Web)
꽁빠니 드 프로방스
(Compagnie de provence) 등
모노톤의 패키지를 배치.

느낌 있는
모노톤의 패키지

❓ 화이트로 통일한 욕실에 무엇을 더할까?

한 가지만 추가해야 한다면 모노톤 패키지를 추천해요. 속이 보이지 않는 용기에 흑백 라벨이 붙은 것으로요.

늘 있던 용기 옆에 나란히 놓는 것만으로도 폼이 납니다.

2

짙은 색의 보디타월

무심한 욕실에 눈이 가는 포인트

밋밋한 벽에 짙은 색의 타월을 걸어
두면 인테리어 효과!.

3

흙이 필요 없는 녹색식물

**위에 매달아 목욕할 때
바라보면 Good!**

욕실에도 살아 있는 식물이 있으면,
무기질의 분위기가 누그러져요.

DARK GRAY

걸어두면
태피스트리 효과

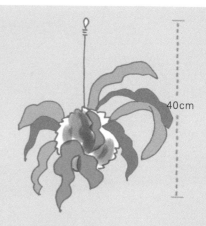

40cm

예를 들면 잎이 개성적인,
먼지 잡는 박쥐란

아무렇게나 걸어놓으면 지저분해 보
일 수 있으니 반으로 접어서 타월걸
이에 세팅!

고리를 붙여 천정에 35~40㎝ 정도
의 길이로 매달아보세요. 욕조에 누워
바라보면 색다르게 보일 거예요.

탈의 공간이 있으면 마음에 여유가 생긴다

회사에서 갑자기 '미팅이 일주일 연기되었습니다'라는 메일이 도착한다면 어떨까요? 일정이 꽉 차 있을 때라면 한숨 놓게 되겠죠.

실내도 마찬가지랍니다. 물건이 잔뜩 놓여 있는 곳에 '공간'이 생기면 마음에 여유가 생기고, 짐이 줄어든 만큼 정돈된 것처럼 보여서 기분도 바로 좋아지죠.

목욕을 끝내고 욕조에서 나오면, 우리는 보통 세면대 앞에서 옷을 갈아입잖아요. 그런데 세면대가 너무 어수선하면 목욕으로 정돈되었던 마음이 어그러지고 말죠. 세면대에 '공간'을 한번 만들어볼까요?

세면대를 쾌적해 보이도록 '공간'을 만들자

욕실에서 손을 뻗기만 해도 닿는 곳에 '공간'이 있으면 타월이나 갈아입을 옷 등을 자연스럽게 놓을 수 있죠. 물건을 자연스레 올려놓을 '공간'이 있다는 건 정리가 되어 쾌적해졌다는 뜻이기도 해요.

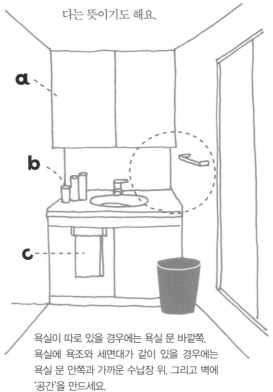

욕실이 따로 있을 경우에는 욕실 문 바깥쪽,
욕실에 욕조와 세면대가 같이 있을 경우에는
욕실 문 안쪽과 가까운 수납장 위, 그리고 벽에
'공간'을 만드세요.

이렇게 하면 돼요

무조건 안에 집어넣는다

편리할까 싶어서 내놓았던 물건을 모두 수납장 안에 집어넣으세요. 안쪽에 넣어둘수록 바깥 공간은 점점 넓어집니다.

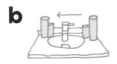

물건을 한쪽으로 몰아둔다

수도꼭지 좌우에 놓았던 물건을 한쪽으로 모아놓는 것만으로도 세면대에 꽤 공간이 생겨요.

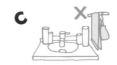

타월의 위치를 바꾼다

세면대 옆에 타월을 걸지만 않아도 공간이 생겨요. 접착식 타월걸이를 아래쪽 수납장에 붙이고 그곳에 걸어두세요.

무미건조한 세면대 앞에 매트만 깔아도

좁아도 나름 예쁜 세면대라면 머리를 말리는 동안에도 콧노래가 절로 나온답니다. 하지만 용기들이 늘어서 있고, 타월이 쌓여 있다면 무엇을 장식해도 눈에 띄지가 않죠.

　이럴 때 구세주가 바로 매트예요. 세면대 앞을 건식으로 꾸미고 널따란 매트로 포인트를 주면, 색이나 모양으로 개성을 드러낼 수 있어요. "이거 예쁜데!"란 소리가 절로 나올 거예요.

**우리 집에
딱 맞는
매트 찾는 법**

일단 각자의 취향은 제쳐두고 짐의 양, 공간의 크기와 같이 '세면대의 상태'를 생각해서 매트를 골라야 해요. 사이즈는 세면대와 같거나 세면대보다 큰 편이 좋답니다.

좁은 세면대

무늬 없는 흰색 매트

하얀 면적이 늘어나면 넓게 느껴지죠. 흰색이어도 입체적인 볼륨감이 있으면 단조롭지 않아요.

짐이 많은 세면대

단색 컬러 매트

잡다한 물건들보다 눈에 먼저 띄니 시선이 매트에 집중돼요. 튀는 컬러가 부담스럽다면 짙은 색으로 골라보세요.

횡한 세면대

단색의 무늬 매트

뭔가 부족한 느낌을 무늬가 채워줄 거예요. 여기에 색까지 들어가면 유치해 보일 수 있으니 모노톤으로 고르세요.

⚠ **이것을 더하면 더욱 예쁜 공간으로**

**바닥에 자연 소재의
바구니를 놓아보자**

삭막한 타일에
따뜻한 분위기가 더해져요.

매트와 같은 색의 아이템

같은 색의 물건을
곳곳에 두면 통일감이 생겨요.

샘플은 아껴두는 것이 아니다

딱히 여행 계획이 있는 것도 아니면서 어디선가 받아온 샴푸나 에센스 같은 샘플을 '언젠가를 위하여'라는 생각으로 열심히 챙겨두곤 하잖아요. 하지만 보통 오래돼서 버리게 되죠.

그러지 말고 기분이 꿀꿀한 날에는 모아뒀던 샘플 한두 가지를 꺼내서 매일 하던 것과는 다른 케어를 해보자고요. 특별한 준비 없이 간단하게 말이죠. "와아, 향기 좋은데?" 하고 평상시와 다른 케어를 하는 것만으로도 찌푸렸던 마음이 훨씬 나아질 거예요.

서랍을 점령하고 있던 샘플이 없어지면 서랍도 깔끔해져요.

항상 파우치에 모아뒀던 샘플 중 하나를 오늘은 맘먹고 사용해봐요!

도구를 대각선으로 세워놓기

바람이 통하도록 기울여 세워놓
으면 열기가 금세 날아가 곰팡이
를 방지할 수 있어요.

**수도꼭지의 물때는
휴지를 뜯어 쓱 닦아내기**

휴지로 물기를 닦은 다음, 떨어진
머리카락까지 주워서 쓰레기통
으로 쏙!

욕실을 나오기 전에
반드시 해야 하는 것

'아~ 시원하다' 하고 목욕을 끝냈다면 바로 나오
지 말고 욕실을 한번 둘러보세요. '청소'라고 부
르기에도 어색한 작은 손질 하나만으로 다음 날
아침의 욕실 분위기가 확 달라진답니다. 다른 사
람도 아닌, 내일 아침의 나를 위한 작은 준비죠!

**뭉텅이로 돌아다니기 전에
바닥에 떨어진 머리카락 체크!**

알게 모르게 떨어진 머리카락은
보일 때마다 줍는 것이 좋아요.

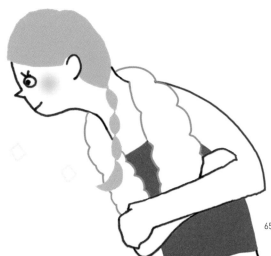

쉼표 둘
최악의 날에는 특별한 목욕을

그런 날 있잖아요. 모든 일이 꼬여버려 기분이 꿀꿀하다 못해 처참한 날. 그런
날 하는 저만의 목욕법이에요.

　욕조에 눕습니다.
　그다음에는 물속으로 잠수.

　물속에서 눈을 뜨면 똑같은 욕실도 매일 같은 일상도 완전히 달라 보이죠.
　이렇게 물속에서 어린애처럼 놀다 보면요. 고민하던 일들이 쓸데없는 것처
럼 느껴지며 꿀꿀했던 기분도 좀 날아갑니다.

하아, 시원해

욕조야~ 고마워.

'일을 하는 바깥세상'은 점점 더 합리적으로 되어 불필요한 일을 없애고, 실수를 용납하지 않는 세계가 되어가고 있죠. 물론 그게 옳은 일일 수도 있지만, 그 시스템을 따라가는 데 필요 이상으로 노력하고 있지는 않은지 생각하곤 해요.

바깥세상은 어쩔 수 없다 해도, 최소한 집에 있을 때만큼은 마음껏 바보짓을 해도 좋지 않을까요? 갇혀 있던 공기를 빼내야 새로운 공기도 들어오기 쉬워지잖아요.

꼭꼭 씹어서
먹는 것만으로도 오늘은 '만점!'

먹는다는 것은 내일의 건강을 만드는 일.
알고 있으면서도 피곤할 때는 다귀찮은 법이죠.
그럴 때일수록 작은 테크닉을 익혀,
먹는 기쁨을 만들어보자고요.

3

CHAPTER

- - - - - - - - -

식사

나에게 대접하는
근사한 식탁

지친 당신을
도와줄
마법의 레시피

응용력! 카레 이상의 만족감
미네스트로네♥

만드는 법: ① 마늘, 홀토마토 1캔, 양파 1/2개로 토마토소스를 만드세요. ② 각종 야채를 2㎝ 크기로 잘라 볶은 다음, 물 1ℓ를 넣고 끓입니다. 이때 ①을 넣고 설탕과 소금으로 간을 하면 끝.

♥ 이탈리아식 야채 스프. 파스타나 쌀을 넣어 먹기도 해요.

수제 특식! 주말에 만들어두자
닭고기 햄

만드는 법: ① 전날 비닐봉지에 소금과 설탕을 1큰술씩 넣고, 닭 가슴살 2장을 넣어서 하룻밤 재워 둡니다. ② 만들어둔 ①을 랩으로 감싸 원통 모양으로 말아서 끓는 물에 30분 정도 삶아요. ③ 뚜껑을 덮고 냄비째로 하룻밤 놓아두면 완성.

녹초가 되어 집으로 돌아온 평일의 저녁, 밥을 짓는다는 건 꿈도 못 꿀 일이죠. 우물우물 입을 움직여서 무언가를 먹는 것조차 귀찮게 느껴지잖아요.

　부족한 시간과 텁텁한 입맛, 이 모두를 구해줄 '마법의 레시피'를 알려줄게요. 죽은 무겁지 않으면서도 포만감이 느껴져서 늦은 시간에도 부담 없이 먹

다른 메뉴에 활용해볼까요?

부활 ~

응용 레시피

치즈와 밥만 넣으면
리소토 완성.

빵밖에 없는 날엔
샌드위치로 만들어 폼 나게!

빵만 먹는 날에 곁들이면
야채를 먹을 수 있죠.

샐러드와 함께 먹으면
단백질을 보충할 수 있어요.

간단! 저녁에 준비해두고 아침에 먹자
죽

만드는 법: ① 끓는 물 1.5ℓ에 밥 한 공기를 넣고 소금과 치킨스톡을 넣어 간을 합니다. ② 30분 정도 끓인 뒤, 불을 끈 다음 뚜껑을 덮고 냄비째 하룻밤 놓아둬요. 남은 열로 아침에는 완성(여름철에는 상하지 않도록 주의).

을 수 있고, 미네스트로네는 손쉽게 야채를 섭취할 수 있는 메뉴예요.

여름이건 겨울이건 따뜻한 메뉴는 위장에 자극을 주지 않아서 몸도 빨리 회복시킨답니다. 오늘도 피곤한 당신, 먹고 기운 내세요!

피시소스(태국 어간장) 몇 방울을 넣고 고수를 듬뿍 올려서 먹으면 색다른 맛.

달걀과 볶은 돼지고기를 넣으면 든든한 저녁 식사로 변신.

아이템 하나로 제대로 된 밥상 차리기

잔치국수 위에 송송 파를 썰어 올리는 이유는 일단 시각적으로 '맛있어 보이기' 위해서예요. 희멀건 국수 위에 푸릇한 파를 조금만 올려놓아도 갑자기 식욕이 돌죠. 이것이 바로 색의 효과랍니다.

　어제 먹다 남은 음식일지라도 그 밑에 선명한 색의 테이블매트를 깔면 새로운 요리처럼 느껴져요. 또 색이 있는 접시에 요리를 담으면 윤곽이 뚜렷해 보여서, 피곤한 눈에도 맛있게 보이죠.

　커다란 식기는 꺼내기 귀찮을 수도 있지만, 작은 그릇 하나 정도라면 어렵지 않겠죠? 작다고 효과가 떨어지는 건 아니거든요. 마치 송송 썰어 올린 파처럼 말이죠. 꼭 한번 시도해보세요.

집에 있는 것으로 분위기 전환

저녁 반찬이 시원찮은 날이면, 평소 아껴뒀던 컬러의 식기나 쟁반을 꺼내봅시다. 작은 종지, 매트, 쟁반 등 서브 아이템 하나로 평소와 똑같던 저녁상이 화사해진답니다.

빨간 매트로 식욕 자극

기운을 북돋는 빨강은 짙은 색의 반찬과도 잘 어울려요. 그 대신에 너무 번잡해 보이지 않도록 무늬가 없는 것으로 골라봅시다.

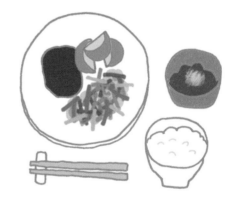

화이트 식탁에 코발트블루로 포인트

녹색 야채와 궁합이 잘 맞는 코발트블루. 하얀 식기와 나란히 놓으면 산뜻한 느낌의 식탁이 된답니다.

플라스틱 접시에는 나무 재질 쟁반

나무 재질은 어떤 밥상과도 어울리는 아이템이에요. 이때 나무 색은 짙은 것보다 밝은색이 다양한 음식과 매치하기 좋아요.

가끔은 나의 집으로 소풍을 떠나자

'오늘은 신경 써서 만들어야지~' 하고 마음먹다가도 퇴근해서 밥을 짓다 보면 비슷한 시간에 비슷한 메뉴, 맛도 거기서 거기……. 아무리 맛있는 혼밥도 가끔은 지겹죠?

그런 일상에서 벗어나게 해주는 것이 바로 '피크닉 저녁상'이랍니다. 쟁반에 저녁밥을 준비한 후 좋아하는 장소로 출발! 풍경이 변하면 같은 밥상이어도 새롭게 느껴져서 먹는 즐거움까지 되살아난답니다.

준비할 것
① 메인 저녁밥 : 단품이면 하기도, 먹기도 좋아요.
② 수저·컵 : 아끼는 것으로 준비해봅시다.
③ 쟁반 : 폭 40㎝ 정도면 전부 올려놓을 수 있어요.
④ 주전자 : 있으면 부엌에 왔다 갔다 할 필요가 없어요.
⑤ 디저트 : 식후의 즐거움도 함께 준비하세요.

부엌에서

완성된 음식을 먹어가면서

조리한 직후, 부엌에 서서 바로 먹으면 맛이 더욱 생생하게 느껴지죠. 다음 주에 먹을 밑반찬을 준비하거나 손이 가는 요리를 만드는 날에는 셰프의 기분으로 즐겨봐요.

베란다 앞에서

쿠션에 기대어 여유롭게

탁 트인 장소에서 먹는 것만으로 기분이 풀릴 거예요. 여름에는 바람을 맞으며, 겨울에는 아름다운 달을 보면서 여유를 부려보자고요.

축구경기를 관전하는 기분으로

가끔은 다른 곳에서 절대 하지 못할 시도를 해보는 건 어떨까요? 내 집이니까 도가 지나치다 싶을 정도로 자유로움을 만끽해보는 것도 괜찮아요.

소파에 앉아서

식사 전에 작은 쉼표를 찍으면

'식탁에 앉아 있는 시간만큼은 여유가 있었으면……. 음식도 천천히 음미하면서 먹고 싶다.' 다들 이런 생각을 해본 적이 있을 거예요.

하지만 실제로는 어떤가요? 여유롭고 행복해야 할 식사시간이 늘 시간에 쫓겨 그저 '한 끼 때우는' 식이 돼버리진 않았나요?

혹시라도 그렇다면 오늘은 차려놓은 밥상 앞에서 잠시 눈을 감고 손을 마주 잡아보세요. 기도를 하자는 것은 아니고, 단지 15초 정도만 눈을 감아보는 거예요. 그리고 '잘 먹겠습니다!'라는 감사의 마음을 가득 담아서 "오늘도 고생했어~"하고 나를 칭찬해주는 거죠.

'오늘 하루도 별별 일이 다 있었지만, 밥 먹고 기운 내야지' 하는 심정으로 말이죠. 그런 뒤에 살짝 눈을 뜨면 머릿속의 어지러웠던 생각들이 조용히 가라앉는 게 느껴질 거예요.

손을 마주 잡고 눈을 감는 단순한 행위로 하루의 번잡함에 마침표를 찍어보자고요. 내 마음에 평온을 가져다주는 이 작은 행위가 그저 흘러가버리는 시간 속에서 '나 자신'을 지켜줄 거예요.

몸과 마음이 편안해지는 식탁

바닥에 앉아 편한 자세로
좌식 식탁

바닥의 짐은 눈앞에 널어놓지 말고 침대 끄트머리와 벽 사이에 모아두세요.

자는 공간인 침대를 쿠션으로 가려 식탁의 공간과 분리하세요.

사람의 몸은 정말 굉장해요. 음식을 먹고 천천히 소화하는 것만으로도 릴랙스가 되는 시스템이라니 말이에요. 즉 이 기능이 제대로 돌아가기만 한다면, 매일 밥을 먹는 것만으로 '작은 휴식'을 취할 수 있다는 얘기죠.

포인트는 위장이 제 기능을 잘할 수 있도록 천천히 먹는 거예요. 식탁에 늘어서 있는 잡다한 물건들을 치우고, 앉는 위치를 살짝 바꿔주면 짜잔~ 포근한 식탁으로 변신! 이렇게 환경을 조금 바꿔도 차려놓은 밥상에만 집중하게 되어 자연스럽게 천천히 먹을 수 있답니다.

부엌과 식탁이 함께 있는 공간

입식 식탁

사용하지 않는 의자에
물건을 올려놓으세요.

키가 큰 가구가 눈앞에 있
으면 압박감이 느껴지니
등지고 앉으세요.

대화가 즐거워지는
L자 앉기

대화를 나눌 상대가 있을
때 L자로 앉으면 이야기
가 술술 나와요.

바깥 경치를 바라보며
앉기

앞이 트인 장소는 해방감
이 느껴져 느긋해집니다.

'아무것도 없는'
식탁 만들기

잡다한 물건들을 모두 치
워 식탁을 비우면 마음이
차분해져요.

그림을 건다

그림을 목제 액자에 넣어 걸으면 식탁에 '품위'가 더해지죠. A4 정도 사이즈가 보기에 좋아요.

30cm

25cm

메인 그림과 색을 맞춰 엽서나 오려 놓은 사진 등을 붙여놓으면 과하지 않으면서도 세련된 느낌을 풍겨요. 좀 작은 사이즈가 잘 어울려요.

식탁 앞의 벽을 카페처럼

카페에 걸려 있는 그림은 무심하게 앉아 있는 고객을 위해서 마련한 '눈길이 잠시 머무는 곳'이기도 하답니다. 무언가 볼 것이 있으면 그저 새하얀 벽보다 더 오래 앉아 있을 수 있죠.

만약 식탁 앞에 텅 빈 벽이 있다면 자신의 취향대로 꾸며봅시다. 마음도 좀 여유로워지고, 식탁에 앉아 있는 시간도 좀 더 즐기게 될 거예요.

작은 선반을 설치한다

스피커나 좋아하는 화병을 올려서 미니 갤러리를 만들어봅시다. 앉아 있을 때 잘 보이는 위치에 선반을 설치해야 해요.

벽에 못을 박지 않고 걸 수 있는 선반이 시중에 많이 나와 있으니 이용해봐요. 너비는 12㎝ 정도가 좋아요.

녹색식물을 늘어뜨린다

식물을 걸어두면 창문 밖을 바라보는 느낌으로 식사할 수 있죠. 식물은 자라면서 풍성해지니까 높은 위치에 매달아야 해요.

흙이 필요 없는 수염틸란드시아나 말린 유칼립투스가 GOOD! 천연 소재 끈으로 묶어서 핀으로 고정하세요.

혼술을 할 때도 잔을 갖추면

좋은 와인 잔은 풍부한 향기를 위해서 돔 형태로 만들어진다는 거 아시죠? 와인 잔에 코를 가까이 대면 마실 때와는 다른 향기를 맡을 수 있고 향의 깊이도 느껴진답니다.

집에서 마시는 거니까 어떤 잔에 무엇을 마시든 내 마음이지만, 그래도 기분이니까 전용 잔 하나쯤 있는 것도 좋겠죠?

선반에서 잔을 꺼내고 안줏거리를 접시에 담다 보면, 마시기 위한 준비만으로도 벌써 기분이 좋아질 거예요.

뭐든지 어울리는 잔

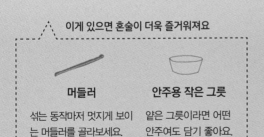

이게 있으면 혼술이 더욱 즐거워져요

머들러
섞는 동작마저 멋지게 보이는 머들러를 골라보세요.

안주용 작은 그릇
얕은 그릇이라면 어떤 안주여도 담기 좋아요.

손잡이가 없는 잔

손잡이가 없는 잔은 어떤 마실 거리에도 GOOD~. 여름철의 모히토부터 겨울철의 와인까지, 이거 하나로 패스!

이왕 마시는 거 멋진 잔으로
폼 한번 내볼까요?

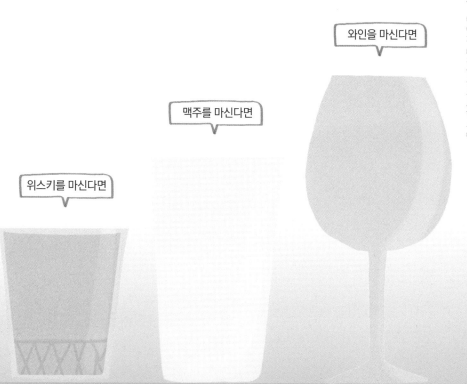

위스키를 마신다면

맥주를 마신다면

와인을 마신다면

락글라스로 홀짝홀짝

입구가 넓고 키가 작은 것이
특징이에요. 들었을 때 무게
가 느껴지는 잔이라면 집에
앉아서도 바에 있는 듯한 기
분을 느낄 수 있죠.

적당한 크기의 얇은 잔

식사와 함께 술을 즐길 때는
가볍고 너무 크지 않은 잔이
좋아요. 냉장고에 살짝 넣어
두었다가 먹기 직전에 센스
있게 꺼내봐요!

기분이 좋아지는 와인 잔

레드와인이라면 바닥이 넓고,
화이트와인이라면 조금 좁은
잔이 기본. 품종에 따라 더욱 세
세하게 나뉘지만, 처음엔 이 정
도 잔이 기본으로 적당해요!

부엌도 휴식을 취하는 공간이어야 한다

"내가 이 세상에서 가장 좋아하는 장소는 부엌이다"로 시작하는 요시모토 바나나의 소설 『키친』을 기억하나요? 보면서 "맞아, 나도 그런데!"라며 공감하는 사람도 많았을 거예요.

시간이 오래 걸리는 요리를 해야 하는 날은 그 시간 자체를 즐겨보는 건 어떨까요? 보글보글 무가 익을 때까지, 따끈따끈 머핀이 구워질 때까지……. 요리책을 보면서 부엌에 앉아 여유로운 시간을 가져보자고요.

부엌은 '만들고' '먹고', 사람들에게 활력이 되는 '에너지'를 만들어내는 장소잖아요. 그러니까 에너지의 생산지에서 보이지 않는 힘을 마음껏 충전하는 거예요.

**부엌을 방처럼
만들어보자**

부엌이 방처럼 느껴진다면 느긋한 시간을 누릴 수 있는 공간으로 바뀐답니다. 우선은 앉을 장소를 만드는 게 가장 중요해요.

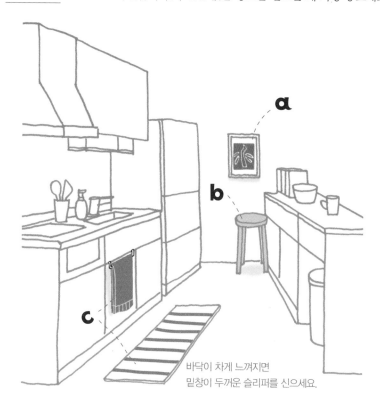

바닥이 차게 느껴지면
밑창이 두꺼운 슬리퍼를 신으세요.

이런 거 어때요?

a

**벽을 장식하여
첫인상에 변화를**

가스레인지와 조금 떨어진 벽
에 좋아하는 그림이나 사진을
걸어보세요.

b

**쓰임새가 많은 스툴을
갖다 놓자**

앉을 수도 있고, 물건을 놓을
수도 있는 작은 스툴이 있으
면 편리해요.

c

**분위기를 통일하는
패브릭 세트**

매트와 핸드타월을 세트로 준
비하면 방 느낌이 나요.

하나만 있어도 요리가
풍성해지는 조리 도구들

좁은 부엌에 이것저것 다 사들일 수는 없잖아요. 그러니까 이거 하나면 분위기 살겠다, 이것만 있으면 다양한 레시피를 시도할 수 있겠다 싶은 아이템을 하나 장만해보자고요.

부엌에서의 시간이 즐거워지는 아이템 추천 가이드랍니다.

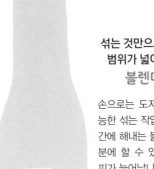

섞는 것만으로 조리 범위가 넓어진다
블렌더

손으로는 도저히 불가능한 섞는 작업을 순식간에 해내는 블렌더 덕분에 할 수 있는 레시피가 늘어납니다.

호박 포타주   수제 마요네즈   믹스 주스

센스도, 실용성도 만점
뚜껑 있는 유리 용기

아주 작은 것에서도 센스가 느껴지면 볼 때마다 기분이 좋아지죠. 보존 용기로 쓰는 일이 많으면 사각형, 접시 대용으로 쓰는 일이 많다면 원형을 준비하세요. 지름 10㎝ 미만으로!

아이스크림 용기로   식탁에 놓았던 양념이 남으면 그대로 보존   세트로 사면 냉장고 정리에도 용이

잘라서 그대로 식탁에
목제 보드

도마로도 쟁반으로도 사용할 수 있는 목제 보드가 하나 있으면 분위기 UP! 길쭉한 모양으로 30㎝ 정도면 근사해 보여요.

빵을 올려서 낼 때 | 안줏거리를 세팅할 때 | 조리 중에 옮길 때

언제든 신선하게 즐기자
바질 화분

'스위트 바질'은 잘 자라는 편이고 쓸 곳도 많아요. 저는 부엌 옆의 창가에 키우고 있는데 한 달이면 다 먹어치운답니다.

바질 페스토 만드는 법

바질 10장을 마늘, 소금과 함께 갈아요. 이것을 올리브오일과 섞으면 완성.

샐러드 위에 올려서

토마토소스 위에

마지막에는 바질 페스토로

식탁을 작은 레스토랑처럼

부엌에 있는 시간이 좀 더 즐겁기를 바라는 어여쁜 당신에게 추천하고 싶은 아이템은 원통형 유리 용기! 유리 용기가 인기 있는 건, 초심자여도 실패할 확률이 적은 인테리어 아이템이기 때문이랍니다.

물론 한 가지 룰만 지킨다면 말이죠. 그 룰이라는 것도 어렵지 않아요. 같은 용기를 나란히 놓기만 하면 되거든요. 똑같은 용기를 주르륵 늘어놓으면 어수선해지기 쉬운 부엌이 깔끔해 보여요.

부엌 싱크대나 눈에 띄는 선반에 놓고 싶다면, 가루 종류보다는 시리얼이나 쇼트 파스타, 견과류 종류로 속을 채우면 보기 좋답니다.

배치가 끝나면 가까이에서뿐 아니라 멀리서 바라보기만 해도 절로 미소가 지어질 거예요. 예쁜 것을 보고 기분 나빠지는 사람은 없잖아요!

그릇 하나도 나와 어울리는 것으로!

'우리 집에는 어떤 용기가 좋을까?' 고민하는 여러분에게 팁 하나 드릴게요. 안에 넣어두고 싶은 물건의 양이나 부엌에 짐이 많은지, 적은지 등을 생각하면 고르기 쉽답니다.

부엌이 어수선하다

패킹이 붙은 목제 뚜껑 타입의 모던한 용기. 물건이 많은 곳에 함께 놓아도 어수선해 보이지 않아요.

부엌이 휑하다

많이 알려진 철제 뚜껑 타입. 묵직한 뚜껑이 휑한 부엌을 '있어 보이게' 만들죠.

대량·소량 모두 넣고 싶다

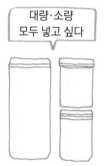

대량의 분말 종류부터 소량의 향신료까지 종류별로 넣고 싶을 때는 모양을 통일해 깔끔하게 수납하세요.

대량으로 채우고 싶다

5kg이 넘는 쌀이나 과실주를 넣을 경우에는 양이 많으니 절구통 타입으로 고르는 게 좋아요.

- - - - - - - - - - - **원통형 용기 선택의 세 가지 원칙** - - - - - - - - - -

사이즈의 기준

쇼트 파스타 1봉지＝1.5ℓ, 쌀 5kg＝7ℓ의 용기, 설탕이나 소금은 높이 15～20㎝ 정도 용기가 사용하기 편리해요.

완전 밀봉의 유리 제품

돌리는 타입의 뚜껑보다 패킹이 붙어 있는 뚜껑이 밀폐성이 높아요.

세 개 이상 나란히 놓을 것

두 개여도 좋지만, 세 개 이상 나란히 세워두면 통일감이 생겨서 질서도 있고 정돈돼 보여요.

내일의 나를 위한 간편 냉장고

집에 있을 때면 '작은 휴식'을 위하여 소소한 집안일은 가능한 한 재빨리 해
치우고 싶은 법이잖아요. 냉장고의 식품 관리도 그중 하나죠.

　냉장고 정리를 손쉽게 하기 위한 첫 번째 규칙은
쟁반을 이용하는 거예요. 같은 용도의 물건을 모
아두면 꺼내기도 쉽고, 어디에 뒀는지 몰라 찾
는 시간도 줄어든답니다. 그중에서도 제가 진
짜 편리하다고 느끼는 것은 '바로 먹어야 하는
음식' 쟁반이에요. 눈에 잘 띄는 냉장고 하단에
B5 사이즈의 사각 쟁반을 놓고, 그곳에 반 토막 남은
양파나 두부 등 바로 먹어야 하는 것을 모아놓는 거죠.

　그렇게 하면 어디에 넣어두었는지 찾는 일도 없어지
고, 날짜가 지나 버리는 일도 없어진답니다.

　두 번째 규칙은 물건 놓아두는 위치
를 고정해놓는 거예요. 자주 꺼내는 것
과 그렇지 않은 것의 위치를 정해놓으면,
반사적으로 몸이 움직여 시간이 단축된답
니다.

규칙 1. 쟁반 사용하기

빵이나 커피를 모아서
아침 뚝딱

식탁으로 가지고 갈 물건을 한곳에 모아 두면 하나씩 옮기는 수고를 덜 수 있어요.

브런치 쟁반	**도시락 만들기 세트**
잼, 버터, 커피용 우유 등을 모아두면 아침이 간단해져요.	도시락에 들어가는 식재료를 모아두면 시간이 단축되죠.

- - - - - - - - - - - - - - - - - - - -

조리할 때 사용하는 것을 모아서
저녁 뚝딱

조리를 할 때 자주 쓰는 양념이나 바로 먹어야 할 것을 모아둬요.

된장국 쟁반	**바로 먹는 쟁반**
함께 두면 금방 꺼내 조리할 수 있어요.	빨리 먹어야 하는 재료를 쟁반에 모아서 눈에 띄는 칸에 두세요.

규칙 2. 위치 정하기

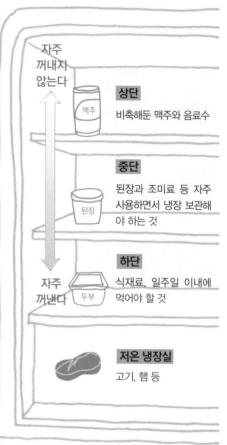

자주
꺼내지
않는다

상단
비축해둔 맥주와 음료수

중단
된장과 조미료 등 자주 사용하면서 냉장 보관해야 하는 것

하단
식재료, 일주일 이내에 먹어야 할 것

자주
꺼낸다

저온 냉장실
고기, 햄 등

야채실
야채 외에도
키가 큰 용기에 넣어둔
조미료는 여기에

자신을 귀한 손님으로 생각한다면

너무나 힘들었던 날, 부엌을 깔끔하게 치우고 잔다는 건 꿈도 못 꿀 일이죠. 꼼짝도 하기 싫긴 하지만 그래도 내버려 둘 수는 없잖아요. 오늘의 내가 하지 않는다면 내일의 내가 해야 하는 일이니 젖 먹던 힘까지 짜내서 설거지통과 싱크대 중앙 이 두 곳만 치워봅시다.

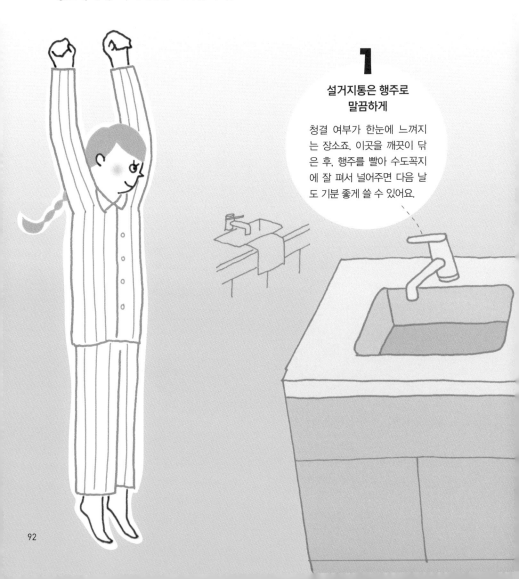

1

설거지통은 행주로 말끔하게

청결 여부가 한눈에 느껴지는 장소죠. 이곳을 깨끗이 닦은 후, 행주를 빨아 수도꼭지에 잘 펴서 널어주면 다음 날도 기분 좋게 쓸 수 있어요.

부엌은 더러워지기 쉬운 장소기도 하지만, 그만큼 눈에 띄는 장소라서 꺼내놓은 것을 제자리에 놓고 행주로 닦기만 해도 말끔해 보인답니다.

청소는 '배신하지 않는다'는 좋은 점이 있죠. 요리는 생각했던 맛이 안 날 수도 있고, 일도 기대했던 결과가 나지 않을 때가 있지만, 청소는 하는 만큼 깨끗해지잖아요. 그러니까 당장은 힘들어도 내일 이 집에서 눈을 뜰 '귀한 손님'인 나를 위해 말끔히 정리해봐요. 노력한 만큼 만족스러운 마음으로 하루를 마무리할 수 있을 거예요.

2

싱크대 중앙의 물건은 구석으로

가장 넓은 부분이 비어 있으면 그것만으로도 깔끔해 보여요. 아무것도 할 수 없을 것 같은 밤에는 일단 널브러져 있는 것만 한쪽으로 밀어놓아 보세요.

3

가스레인지는 여력이 있으면 닦는다

기름 자국이 없는 가스레인지는 말끔함의 최고봉. 가스레인지까지 닦는다면 200점! 행주로 닦으면 빨기 힘드니 키친타월로 쓱쓱 닦으세요.

쉼표 셋
어깨너머로 배운 소중한 팁

우리 어머니는 야채를 아주 손쉽게 요리하세요.

　햄버그스테이크를 구우면서 프라이팬 한쪽에 가지를 집어넣고, 파스타를
삶을 때면 청경채나 양배추를 함께 넣곤 하시죠.

　이런 식이라 어떤 요리를 하시든 야채가 빠지지 않습니다. 야채를 꼭 섭취
해야 한다는 생각으로 '야채를 위한' 요리를 만드시는 게 아니라, 메인 요리를
만드시는 김에 야채를 함께 요리하는 게 습관이 된 거죠.

하아~잘 먹었다!

사실 저는 인터넷에서 건강에 좋다는 음식 정보를 모으고, 야채 요리를 생각해내야 한다며 머리를 싸매면서도 정작 요리는 잘 하지 않거든요. 그래서 더욱 어머니의 요리 과정이 대단하게 느껴져요.

'무리하지 않으면서도 착실히 섭취하는' 식생활의 지침을 평생 실천하신 거니까요. 열 가지 지식을 알면서 아무것도 실천하지 않는 것보다 하나의 행동이 몸에는 훨씬 좋을 텐데 하고 반성의 마음이 들기도 한답니다.

덧붙이자면, 여러 식재료를 균형 있게 먹자는 것이 어머니의 신조예요. "오늘은 수영으로 ○km 헤엄쳤단다" "얼마 전까지만 해도 무릎이 아팠는데, 근육이 붙어서 그런지 요즘은 괜찮구나" 하고 말씀하시는 우리 어머니는 일흔이 넘었지만, 정말 부러울 정도로 건강하시답니다.

하아, 짬이 생겼으니 좀 쉬어야지.

밥을 먹었으면 아무것도 생각하지 말고
거실에서 뒹굴뒹굴 해보지 않을래요?
재밌는 것을 보고 쿡쿡 웃어도 보고,
밤바람에 늘어져도 보고…….
바쁜 일상 따위 잘라내버리는 이 시간이
건강한 마음을 위해서 꼭 필요한 시간이랍니다.

4

여가

거실은 집에서
가장 즐거운 놀이터

거실은 마음껏 노닥거리기 좋은 곳으로

만약 거실이 깨끗해지고 근사해진다면 무슨 일을 할 건가요? 아무것도 생각하지 않고 뒹굴뒹굴 지내볼까? 취미 생활을 다시 시작해봐? 친구들을 불러놀아볼까?

아무 일도 하지 않고 그저 망상만 하는 것도 괜찮아요. 자신에게 일어날 좋은 일, 즐거운 일을 생각하는 시간은 머릿속의 긴장을 풀어주는 일이니까요.

수공예, 다이어리 정리,
오랜만에 다시 해볼까

여유롭게 지내던 때 했던 일,
예전에 열중했던 일을 다시
시작하면 분명 즐거울 거예요.

맥주 마시고 창가에서 졸기

한 잔 마시고 누워서 뒹굴뒹굴
하는 건 상팔자의 대명사!

식탁보를 깔고 피크닉 기분 내기

식탁이 없어도 상관없어요. 식탁보를 깔고 둘러앉기만 해도 기분이 좋아지거든요.

이건 어때?

친구를 불러서 밥 먹자~

늘 밖에서 만나 놀았다면, 집에 불러서도 놀아볼까요? 또 다른 즐거움이 가득!

질릴 때까지 책을 읽자

책이나 만화를 몰아서 보는 건 어떨까요? 책을 보고 실컷 울어보는 것도 스트레스 해소에 도움이 돼요!

여유 있게 카페 놀이를

조용히 흘러가는 시간 곁에 커피가 있다면 더 바랄 게 없죠.

간단한 시도만으로 '차분한 방' 만들기

일찍 집에 들어간 날, 갑자기 생긴 여유 시간에 무엇을 하나요? 좋아하는 영상을 보며 편안한 시간을 즐기고, 매니큐어나 페디큐어를 하는 것도 괜찮죠. 짧은 시간을 들였는데도 '무언가 했다'는 생각이 들면 기분이 좋아지잖아요.

　그렇게 내가 '기분 좋다~'고 느끼는 무언가를 할 때, 마음이 편안해지는 방에 있다면 더 좋지 않을까요?

'차분한 방'이라고 하면 정리가 잘된 수납장을 떠올리거나 새 멀티테이블을 사서 물건을 최소화하는 등 뭔가 거창한 일을 생각하곤 하죠. 하지만 그저 방의 어수선한 부분을 줄이는 것만으로 충분하답니다. 예컨대 눈앞의 청소 용품을 옮기기만 해도 차분한 분위기를 연출할 수 있어요.

내가 좋아하는 시간을 좀 더 편하게 지내기 위해서 작은 것부터 바꿔보는 건 어떨까요?

여기서부터 시작하자

화장품은 화장대 안쪽에

자주 사용하는 화장품들도 눈앞에 늘어서 있으면 정신없어 보이는 법. 화장대 안에 넣어두면 방이 차분해 보여요.

컬러풀한 소품을 줄인다

예쁘다고 모아놓은 색색의 소품도 어수선해 보이는 원인 중 하나가 되니 가짓수를 줄이세요.

청소 용품을 보이지 않게

언제든 쓸 수 있게 손 닿는 곳에 놓아둔 청소 용품. 지저분한 느낌이 드니까 보이지 않는 곳에 넣어두세요.

거실에서 나만의 명당을 찾아볼까

뒹굴뒹굴 지내고 싶어도 평일에는 그럴 시간이 없잖아요. 그런 여러분을 위해 팁을 알려줄게요. 자투리 시간에라도 마음이 편해지는 릴랙스 타임을 갖자고요.

포인트는 거실에 앉을 장소를 만드는 거예요. 사람은 자신을 감출 수 있는 장소에 본능적으로 안정감을 느끼거든요. 생각해보세요. 카페에서 자리를 고를 때도 한가운데보다 구석 쪽을 선호하잖아요? 귀퉁이에 왠지 마음이 끌리는 건 그런 이유에서랍니다.

지금 앉아 있는 장소는 전망이 좋은가요? 마음이 잔잔해지나요? 잘 맞는 자리를 찾고 나면, 더욱더 편안히 쉴 수 있답니다.

**나만의
명당 찾는 법**

방 전체를 한눈에 볼 수 있으면서 나를 완전히 드러내지 않는
장소가 베스트랍니다. 일단은 쿠션을 한 손에 들고 찾아볼까요?

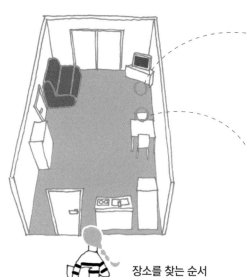

No 1. 최고의 명당

텔레비전이 있지만, 베란다
너머로 밖이 보이고 방 전
체도 한눈에 들어오는 이곳
이 가장 편안한 장소예요.

No 2. 이곳도 무난

다음으로 차분해지는 장소
는 이 주변. 문과 마주하고
있지만, 방 전체를 볼 수
있기 때문에 안정적이죠.

장소를 찾는 순서

① 방의 네 귀퉁이에 앉아서 편하게 느껴지는 구석을 찾아요.
② 문이나 통로, 사람이 지나다니는 길은 아닌지 확인해요.

- - - - - - - - - - **조심해야 할 NG 포인트** - - - - - - - - - -

한가운데는 불안불안

안정감이 없어요. 구석 쪽이
훨씬 차분해지죠.

**구석일지라도
문 주변은 어수선**

사람이 들락날락할 것 같아
서 불안해져요.

바람이 통하는 길도 NO!

문과 베란다 사이는 바람의
통로가 되기 때문에 NG.

명당을 찾은 다음 해야 할 일

이제 명당으로 옮겨볼까요?

쿠션을 놓아보는 간단한 실험부터 소파를 이동하거나 모양에 변화를 주는 것까지 방법은 여러 가지랍니다.

바닥에 앉는다

쿠션을 놓는 것만으로 OK!

쿠션을 놓고 바닥에 앉으면 돼요. 바닥에 벌러덩 누운 다음, 여기가 새로운 내 자리구나~ 생각하면 끝!

현재

지금의 내 자리

쿠션을 놓고
명당에서 편히 쉬자.

나만의 명당이 맞는지, 진짜 편안할지 알고 싶다면 이 방법으로. 벽에 기대보는 것도 좋아요.

2

소파를 이동

가구를 움직여서
새로운 명당 만들기

소파를 명당자리로 옮기는 거
죠. 원래 뒀던 곳보다 문에서 더
멀어지니 더욱 안정적!

3

베란다를 마주 보고

'안정감'을 중시한 스타일

베란다가 마주 보이도록 소파
를 옮기면 부엌이 눈에 들어오
지 않아 더욱 안정감이 UP!

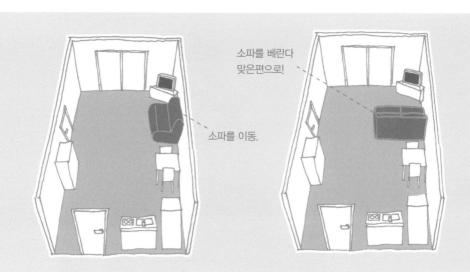

소파를 베란다
맞은편으로!

소파를 이동.

가능하면 텔레비전은 소파 옆 구석으로 옮기세요.
이때 같이 사는 사람이 있다면 텔레비전 앞을 가로
지를 수 있으니 그 부분까지 고려해야 해요.

베란다에서 바라보는 바깥의 경
치가 멋지다면 이 위치가 최고!

나를 포근히 안아주는 패브릭 소품

아무에게도 방해받지 않고 빈둥거리는 시간을 한층 더 안락하게 만들어주는 건 의외로 작은 소품들이에요. 마치 김이나 젓갈이 밥과 함께 먹었을 때 더욱 맛있게 느껴지는 것처럼 '패브릭' 소품은 나 혼자만의 편안한 시간을 한층 특별하게 해주는 단짝이랍니다.

쿠션, 담요, 낮잠이불……. 다양한 패브릭 아이템은 크게 바닥에 놓는 것과 몸을 덮는 것 두 종류로 나뉘어요. 바닥에 놓는 종류는 널브러진 자세를 안정시키고, 몸을 덮는 종류는 체온을 조절할 수 있어서 한자리에 오래 있어도 무리가 없죠. 이 두 가지만 있으면 더 이상 꼼짝하고 싶지 않을 정도로 마음 편한 내 자리 완성!

몸을 단단히 받쳐주는
바닥에 놓는 소품

조금 딱딱하게 느껴져
야 앉은 자세가 안정됩
니다.

쿠션

화학섬유보다 면섬유
가 조직이 단단해 잘
변형되지 않아요.

비즈 쿠션

거의 소파처럼 느껴져
몸 전체를 의지하기에
적합해요.

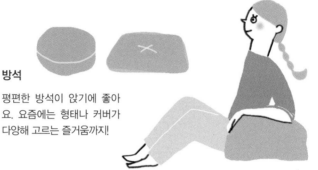

방석

평편한 방석이 앉기에 좋아
요. 요즘에는 형태나 커버가
다양해 고르는 즐거움까지!

몸을 감싸서 따뜻하게
해주는 소품

앉거나 눕는 등 자유로
운 자세로 사용할 것이
니까 부드럽게 감싸주
는 패브릭이 좋아요.

담요

부드럽고 커다란 게 사용
하기 편해요. 북유럽 스타
일로 고르면 어느 방에나
잘 어울릴 거예요.

낮잠이불

여름철 낮잠에 필수품!
거즈나 인견 등 시원한
소재로 고르세요.

전기담요

추운 겨울에 다리를 따뜻하게 해주
는 고마운 존재. 이때 담요는 두툼한
것으로 골라야 겨울철을 포근하게
날 수 있어요.

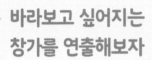

바라보고 싶어지는 창가를 연출해보자

'바다에 가고 싶다, 산에 가고 싶다, 지친 마음을 파도 소리로 위로받고 싶다……'

매일매일 우리는 이런 꿈을 꾸곤 하죠. 갈 수 없는 현실에 한숨만 내쉬지 말고, 가까운 곳에서 찾아봐요. 멀리 가지 않더라도 우리 방에는 창과 베란다가 있잖아요!

자, 그렇다면 창가에 자연의 분위기를 살려볼까요? 창가 풍경이 좋아지면 그 밑에 벌렁 누워서 단지 바람을 맞는 것만으로도 마음이 훨씬 가벼워진답니다.

밋밋한 창가를 멋지게 만드는 방법

바라보고 싶어도 바깥 경치가 영 별로라 고개가 흔들어진다고요? 그래도 문제없어요. 바람과 빛은 들어오니까 눈에 보이는 곳을 살짝만 손보면 분위기가 좋아질 거예요.

베란다 창틀

1 **현실은 이런 느낌**

평소에는 커튼이 쳐 있는, 베란다로 통하는 유리 창문. 경치도 별것 없을 뿐 아니라 베란다의 철제 창틀도 볼품이 없죠. 여기를 감추고 바꾸어볼까요?

안타깝게도 커튼을 열면 옆 건물이 보이네요.

2 **커튼으로 전체를 커버**

빛과 바람이 통하는 얇은 커튼으로 창 전체를 감추는 거예요. 커튼이 아니라 리넨 천을 걸기만 해도 간단하게 창을 꾸밀 수 있어요.

천으로 덮은 후 창을 양쪽으로 살짝 열어서 바람이 드나들게 해요.

3 **높고 낮은 곳에 녹색식물을 배치**

천으로 창 전체를 감추면, 그 위에 자연을 느낄 수 있는 녹색식물을 배치해요. 높은 곳과 낮은 곳에 나누어 두면 창 전체를 녹색으로 꾸민 것처럼 보여요.

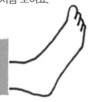

여기에 녹색식물을 배치하면 바라보고픈 창가 완성. 높은 곳에는 디시디아 멜론, 낮은 곳에는 세로그라피카 등이 어울려요.

몸과 마음을 쉬게 하는 15분의 마법

회사와 집만을 오가며 사는 하루하루. 정신없이 바쁘게 지내다 보면 피로만
쌓이죠. "아아, 좀 쉬고 싶다~!" 소리가 절로 나온다면, 더 이상 미루지 말고
자신을 돌보기로 해요.

　창가 부근에 만들어놓은 새로운 명당에 자리를 잡고, 딱 15분만 쉬는 거예
요. 그냥 스마트폰으로 인터넷 서핑을 하는 것도 괜찮아요. 아주 잠깐 숨을 돌
린 것뿐이지만, 스스로 시간을 컨트롤한다는 생각이 들면서 마음이 편안해질
거예요.

　단 몇 분의 시간일지라도 내 방이 편안하게 느껴진
다면, 꽤 오래 평온한 시간을 보낸 것 같은 착각도 일
으킬 수 있거든요.

　방이 좋아진다는 것은 단순히 보기에 좋다는 이야기
만은 아니랍니다. 지내는 시간의 질이 올라간다는 의
미인 거죠. 바쁠 때일수록 더욱 안락해진 자신의 방에서
'작은 휴식'을 취해보세요.

'나만의 갤러리'로 설레는 공간 만들기

결정적인 순간, 결정적인 표정, 결정적인 말……. 세상에 퍼져 있는 '결정적
인 세계'에 저도 하나 덧붙이고 싶은 게 있어요. 바로 '결정적인 코너'랍니다.
제 마음에 쏙 드는 물건들로만 코너를 꾸며서 방을 멋지게 만드는 거죠.

"그 사람, 맘에 안 드는 구석이 있긴 해도 좋은 점도 있으니까 용서해주지
뭐"라고 생각하게 만드는 사람이 있지 않나요? 방도 전체를 마음에 들게 꾸
미는 건 정말 오래 걸리고 돈도 많이 드는 일이죠. 그럴 때 결정적인 코너 한
곳만 마련해놓는다면, 그곳 덕분에 기분이 그저 그런 날도 맑음으로 바뀔 수
있을 거예요. 그렇게 내 마음을 힐링시켜주는 나만의 갤러리를 꾸며보면 어
떨까요?

이곳만은 마음을 쏟아
나만의 갤러리로 꾸며요.

**두 가지 소품으로
시작하는
'나만의 갤러리'**

'결정적인' 것의 포인트는 눈에 띄어야 한다는 거예요. 주연 (녹색식물이나 화병) 뒤에 그것을 돋보이게 하는 조연(그림 등)을 걸면 확실히 눈에 띤답니다.

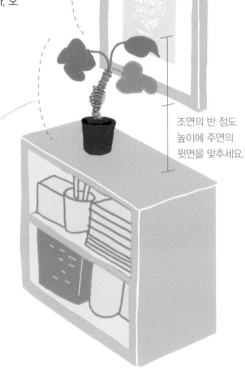

조연 역할을 하는 것

주연을 돋보이게 하는 소품을 놓아서 이 코너를 더욱 눈에 띄게 하는 거예요. 그림 액자, 오려놓은 그림, 영문 원서 같은 것 말이죠.

사이즈 : A4 정도

컬러 : 주연보다 차분한 색

위치 : 주연 뒤에 배치

주연 역할을 하는 것

북유럽풍의 오브제나 화병 등 좋아하는 것으로 장식하세요(뒤쪽에 그림이 오기 때문에 입체적인 것이 좋아요).

사이즈 : 조금 큰 편인 20㎝

위치 : 센터에서 조금 비켜서 배치

조연의 반 정도 높이에 주연의 윗면을 맞추세요.

익숙해지면 변형해봅시다

① 깔개를 추가

주연 밑에 패브릭 조각을 깔아주면 안정감이 UP!

② 키 작은 소품을 추가

어울리는 소품을 더해 스타일링해볼까요? 대신 주연보다 작은 사이즈로요.

뜻밖의 수입이 생긴다면 거실을 꾸며보자

10만 원을 들고 마트에 간다면 무엇을 살 수 있을까요? 커다란 등나무 바구니와 녹색식물, 간접조명 스탠드 정도는 살 수 있을 거예요. 20만 원으로 장을 본다면 러그와 커튼까지 살 수 있죠. 거실이 바뀌면 친구를 마구 부르고 싶어질 거예요.

하지만 고정된 지출이 있어 거실 꾸미기는 마음먹기가 쉽지 않죠. 만약 예상치 못했던 수입이 생긴다면 무엇을 사고 싶나요? 우선 머릿속에서 시뮬레이션부터 해보세요.

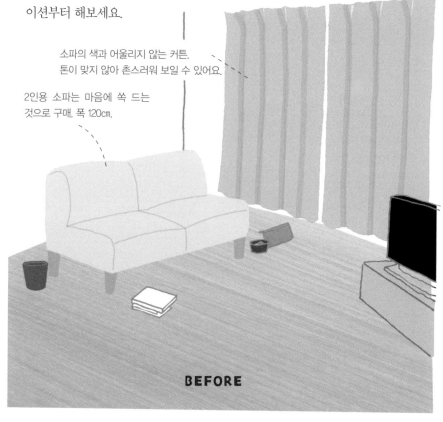

소파의 색과 어울리지 않는 커튼.
톤이 맞지 않아 촌스러워 보일 수 있어요.

2인용 소파는 마음에 쏙 드는
것으로 구매. 폭 120cm.

BEFORE

계획해서 물건을 비우는 것이 '심플'이고, 그냥 물건이 없는 것은 '살풍경'일 뿐이에요. 방이 너무 비어 있으면 무표정한 사람이랑 함께 사는 것처럼 쓸쓸한 느낌이 들어요.

소파 주변을 꿈의 공간으로 만들어볼까

20만 원으로 거실 분위기를 바꾸는 일곱 가지 소품

스탠드가 있으면
더욱 아늑함을
느낄 수 있어요.

2

3

1 소파와 색을 맞추면
방 전체에 통일감이 생겨요.

6

4
사이드테이블은
마실 거리를
올려놓는 등
의외로 편리해요.

5 바닥에 널브러지기 쉬운
물건도 커다란 바구니에
정리해두면 깔끔해지죠.

7 무늬 있는 러그로 방에 포인트!
귀여운 모양의 러그가 많아서
고르는 재미도 있어요.

AFTER

1. 커튼 2. 스탠드 3. 쿠션 4. 사이드테이블 5. 바구니 6. 녹색식물 7. 러그

단순노동이 선사해주는 놀라운 위로

거실에서 목적이 있는 시간을 보내는 것도 좋지만, 가끔은 별것도 아닌 일에 집중해보는 건 어떨까요?

일명 '뽁뽁이'인 에어캡을 하나하나 터뜨리는 것처럼 생각 없이 단순한 작업에 열중해보는 거죠. 작업을 마쳤을 때의 성취감, 작은 일이지만 끝냈을 때의 만족감, 거기에 정리의 요소를 조금 더하면 시간 보내기 이상의 효과를 얻

보푸라기 제거기가 있으면 더욱 집중.

니트 보푸라기 제거

면도칼이나 가위로 니트를 쓰다듬며 보푸라기를 잘라볼까요?

화장품 파우치 청소

안쪽에 붙은 화장품 가루를 닦고 안의 물건을 새롭게 정돈해보세요.

알코올로 닦으면 깔끔하게 닦여요.

네일 아이템 정리

매니큐어는 꺼내기 쉽게 세워서 수납하는 게 좋아요.

지갑 정리

쌓아둔 영수증을 빼내고 카드를 제 위치에 꽂아봅시다.

영수증은 A5 파일에 보관하면 편리해요.

을 수 있어요.

제가 특히 좋아하는 것은 니트 보푸라기 제거예요. 충전식 보푸라기 제거기를 한 손에 들고 니트를 뒤적이며 구석구석 꼼꼼하게 보푸라기를 제거하다 보면, 머릿속은 새하얘져 아무 생각도 들지 않는답니다.

사람은 기존에 했던 것과 다른 작업을 시작하면 그때까지 사용해온 뇌의 회로를 일단 쉬게 한다고 해요. 일상에서 하지 않는 다른 행동으로 기분 전환하는 것. 가끔은 꼭 필요하답니다.

정리에도 도움이 되는
추천 작업

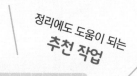

> 계속 스마트폰만 들여다보고 있으면 머리도 흥분 상태가 지속돼요. 가끔 다른 일을 해서 머리를 식혀줘야 해요.

영수증 정리
영수증은 A5 클리어 파일에 월별로 나누어 수납하면 찾기 편리해요.

필기구 정리
수명이 다했는데도 버리지 못한 펜이 쌓여 있는 경우가 의외로 많아요. 한꺼번에 검사해 처리해볼까요?

상쾌한 바람을 방으로

북쪽과 남쪽, 양쪽의 창을 열어요. 이러면 바람이 통해 정체됐던 열기도 흘러가버린답니다. 작은 풍경(風聲)을 매달면 귀까지 시원해지죠.

여름엔 아시아의 리조트처럼

보송보송한 여름

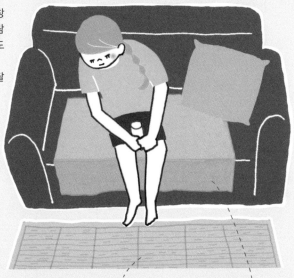

발밑에 왕골이나 리넨을 놓자

여름에는 맨발에 산뜻하게 와 닿는 소재가 좋아요. 왕골이나 리넨이 섞인 소재로 된 러그 또는 매트를 깔아보세요.

소파를 뽀송하게

리넨 천을 소파 바닥에 깔면 몸에 붙지 않아 시원해요. 땀을 흘려도, 세탁해도 바로 마르죠.

거실에서
여름과 겨울 맞기

여름날의 습한 바닥과 겨울철의 차가운 바닥을 이겨낼 아이템만 마련하면, 1년 내내 거실에서의 생활이 편안할 거예요.

거실 생활을 즐기고 싶다면 몸에 닿는 것, 특히 주변의 패브릭을 여름용과 겨울용으로 나눠보세요. 패브릭을 바꾸는 것이 계절을 즐기는 가장 간단한

따끈따끈한 겨울

겨울엔 유럽의 스키 산장처럼

빛으로 따뜻함을 연출

전구색의 스탠드를 놓으면 난로 없이도 따스한 분위기를 연출할 수 있어요.

발밑에는 울

찬기는 바닥에서 올라오니 발바닥을 중점적으로 커버하는 거예요. 울같이 따뜻한 소재의 러그를 깔고 수면 양말을 신는 거죠.

쿠션을 두꺼운 커버로

울같이 두꺼운 소재의 커버로 바꾸면 폭신해지고 보기에도 따뜻해요.

방법이랍니다. 발을 감싸는 슬리퍼도 하나의 계절 아이템이죠.

거기에 여름에는 풍경, 겨울에는 조명 등 귀와 눈으로 즐기는 아이템을 더하면 기분도 한층 UP! 모르는 사이에 계절이 흘러가버리면 너무 아깝잖아요. 사계절을 즐기는 시간을 만들어보자고요.

내 마음대로 하는 5분 명상법

요즘 명상은 해외 경영진들의 뇌 트레이닝, 기분 전환법으로 잘 알려져 있죠. 목적은 어수선한 뇌를 진정시키는 거예요. 어렵게 생각하지 말고, 스마트폰의 알람으로 '5분'을 세팅해놓은 후 눈을 감아보세요. 잡념이 들어오면 산, 바다, 강 등 하나의 경치를 떠올리며 집중하세요. 4분 정도 하면 변화가 느껴지고, 알람이 울려 눈을 뜰 때쯤이면 머릿속이 가라앉은 느낌일 거예요.

5분 정도
틈이 생긴다면

정적

머릿속

구체적인 생각을 시작했다면, 들이마시고 내뱉는 자신의 호흡을 세면서 집중해도 좋아요.

어깨

어깨가 올라가 있는지 확인해보고, 그렇다면 내리면서 힘을 빼세요.

타이머

스마트폰의 타이머를 '5분'으로 세팅하세요.

손과 발

다리는 가부좌를 하세요. 손은 엄지와 검지를 붙이고 위를 향한 채로 무릎 위에 올립니다.

목적은 뇌를 진정시키는 것이기 때문에
실천할 때는 이 정도의 포인트만 짚어주세요.

Let's dance!

단 5분이라도 몸을 움직이면 무언가가 날
아가는 듯한 기분이 들어요. 평소에 격한
운동을 하면 오히려 피로가 쌓일 수 있으니
틈나는 대로 춤을 추는 게 기분 전환에는 더
도움이 될 거예요.

　멍청해 보이면 어때요? 그게 내 집의 묘
미 아니겠어요?

5분 정도
틈이 생긴다면

동적

몸을 움직이면
혈액순환에도 좋아요.

지겨워지면,
이제 씻으러 갈까요?

쉼표 넷
쉬라고 내게 속삭여주는 것들

휴직 중인 친구와 차를 마시고 있을 때의 일이에요.

"요즘 길을 걸으면 말이지. 길가에 꽃이 피어 있는 게 보이더라고."

친구는 의미심장하게 말했습니다. 일에 빠져 살던 시절의 그녀는 출근할 때 똑바로 앞만 쳐다보고 걷느라 길가를 본 적이 없었던 모양이에요.

사람은 무언가 열중하고 있을 때 오히려 시야가 좁아지고 날카로워지는 것인지도 모르겠어요.

저도 방에 꽃을 꽂아두는데, 바쁠 때는 거의 눈에 들어오지 않아요. 일에 빠져 한참 만에 자리에서 일어서다 문득 꽃을 발견하면 "이런, 한숨 돌려야겠는걸"싶은 마음이 들죠.

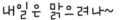

내일은 맑으려나~

　방에 꽂아둔 꽃이나 마음에 드는 장식은 자신의 상태를 재는 잣대기도 해요. 그것들의 존재를 깨닫지 못하고 있다면, 열심히 해야 한다는 생각으로 머릿속이 가득해서 시야가 좁아져 있다는 뜻이죠. 그때가 바로 하는 일 없이 시간을 보내는, '작은 휴식'이 필요한 때입니다.

　방을 장식한 꽃이나 마음에 드는 물건은 그저 사랑스럽기만 한 소품이 아니라 나에게 좀 쉬라고 속삭여주는 마음의 소리가 될 수 있다는 걸 기억하세요.

내일도
파이팅하는 거야!

충분한 휴식을 취하면 건강한 기운을 나눠줄 수 있어요.
집으로 돌아왔을 때 마음이 푸근해지는 현관이 맞아주고,
잘 정리된 옷들이 걸려 있는 옷장을 마주하면
내일의 나도 변함없이 기분 좋게 지낼 수 있을 것만 같아요.

현관은 직장인 모드를 해제하는 곳

현관문을 열고 구두를 벗으면서도 머릿속은 일 생각으로 가득! 일 중독자인 당신이 충분한 휴식을 취했다고 느끼는 순간은 언젠가요? 목욕도 하고, 밥도 먹고 난 후에 한숨 돌리고 있나요? 혹시 시간이 너무 걸리는 건 아닌가요?

　기분을 전환하는 건 현관에서 해버려야 해요. 현관문 근처에 시각, 촉각, 후각까지 오감으로 느낄 수 있는 아이템을 놓은 다음, 문 안쪽으로 들어선 순간 "아이고 피곤해, 이제 쉬어야지" 하고 자신에게 말해주는 거죠. 재빨리 휴식 모드로 들어갈 수 있게 말이에요.

　매일 조금씩 '작은 휴식'에 익숙해지면 현관에서 곧바로 직장인 모드를 해제하는 날도 금방 올 거예요.

**직장인
모드 해제**

아무 생각 없이 문을 열었을 때 바로 "아, 이제 집이다!" 하고
깨달을 수 있도록 오감을 자극하는 아이템으로 꾸며보세요.

이렇게 하면 좋아요

**전구의 색으로
집에 온 것을 실감**

전구는 따뜻한 주황색으로. 현관 천장의 등이 수명을 다하면 꼭 바꿔보세요. 릴랙스 무드로 즉시 전환된답니다!

눈을 사로잡는 소품 설치

좋아하는 포스터가 눈에 들어오면 생각 없이 문을 열다가도 퍼뜩 깨닫게 됩니다. 현관은 시간상 오래 있지 않으므로 화려한 것도 OK!

향기로 사고를 전환해주자

후각 자극도 꽤 큰 효과가 있어요. 매일 맡으면 그 향기만으로 집에 왔음을 몸이 의식하게 됩니다. 이때 불을 사용하지 않는 타입으로 준비!

집의 첫인상은
'푹신함'이 되어야 한다

현관에서 구두를 벗었을 때나 화장실에 들어갔을 때, 순간 '폭신'한 감촉이 발바닥에 느껴진다면 마음이 더 따스해지지 않을까요?

매트나 슬리퍼는 타월이나 이불과는 달리 무의식적으로 느껴지는 감촉이에요. 그래서 문득 '폭신함'을 느끼실 때 더 포근하다고 생각되는 것이죠.

'폭신함'은 회사나 밖에서는 느낄 수 없는 부드러운 감촉이잖아요. 집이기 때문에 맛볼 수 있는 소재로 매트, 티슈, 슬리퍼 등을 골라 피곤에 지친 마음을 싹 풀어주자고요.

공기 중의 수분을
머금기 때문에 부드러워요.

티슈에 '폭신폭신'

보습 티슈. 피부에 부드럽게 와 닿아
한번 사용하면 멈출 수가 없어요.

화장실 매트에 '폭신폭신'

두께가 있는 매트가 훨씬 폭신하게 느껴져
요. 마이크로파이버 제품은 부드러운 촉감
과 빠른 건조성이 장점이니 적절해요.

발등을 잡아주는 곳이 단단하면
'폭신함'이 한층 UP!

슬리퍼에 '폭신폭신'

안쪽 바닥이 '폭신'한 타입과 전체가 '폭신'
한 타입으로 나뉩니다. 면 소재는 부드럽고
정전기가 쉽게 일어나지 않아서 먼지도 잘
붙지 않아요.

성인의 '폭신폭신'은 내추럴한 색으로

'폭신'한 소품이 하늘색이나 분홍색처럼
귀여운 색이면 자칫 아이 방처럼 보일 수 있으니까
내추럴한 색으로 고르세요.

벽걸이 하나로 정리에서 해방되기

집에 도착하면 "아이고, 죽겠다"라는 소리와 함께 한숨을 쉬며 옷을 벗어 던지고 벌러덩~. 벗은 모양 그대로 있는 옷을 자기 전에 주섬주섬 정리할 때면 후회가 밀려오곤 하죠. 물론 당연히 정리하지 않은 채 잠드는 날도 있고요.

"맞아, 나도 그럴 때 있어"라며 고개를 끄덕이는 당신. 그런 시간은 올해로 종지부를 찍자고요. 벽에 고리를 다는 것 하나면 간단히 해결되니까요.

집에 돌아가면 현관에서 그대로 방으로 직행한 다음, 윗도리를 벗어서 옷걸이에 걸고, 그걸 고리에 매달아놓는 겁니다. 그것으로 더 이상 번잡스러운 날들에 작별을 고하는 거죠.

옷을 옷걸이에 걸어놓으면 냄새나는 성분이 증발한다는 거 아세요? 그러니까 고리에 걸어서 말린 후 자기 전에 옷장에 넣어두세요. 작은 정리가 습관이 되면 마음의 여유가 생긴답니다.

어수선함 제로, 입었던 옷 걸어두기

옷장 주변의 벽에 고리를 하나 붙여놓으면 벗어놓은 윗도리가 굴러다니는 일도 없고, 바닥에 널브러진 옷가지를 볼 때마다 들던 귀찮은 마음에서도 해방될 수 있답니다.

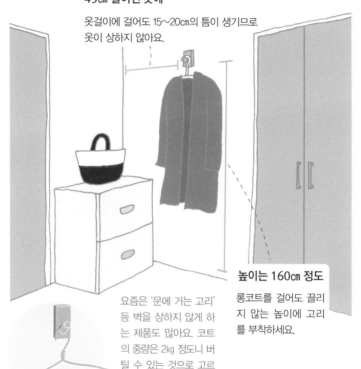

벽 구석에서 45㎝ 떨어진 곳에

옷걸이에 걸어도 15~20㎝의 틈이 생기므로 옷이 상하지 않아요.

요즘은 '문에 거는 고리' 등 벽을 상하지 않게 하는 제품도 많아요. 코트의 중량은 2㎏ 정도니 버틸 수 있는 것으로 고르세요.

높이는 160㎝ 정도

롱코트를 걸어도 끌리지 않는 높이에 고리를 부착하세요.

여유가 있는 날에는 옷을 손질해보자

먼지에는 브러싱

위에서부터 아래로 부드럽게 쓸어서 먼지를 털어내는 거예요. 손으로 해도 괜찮지만, 천연 브러시라면 정전기도 일어나지 않고 옷도 먼지에 강해져요.

냄새에는 분무기+건조

냄새 성분은 과립 형태로 되어 있어 물에 녹기 쉽답니다. 분무기로 뿌린 다음에 건조시키면 증기와 함께 떨어져 나가므로 잘 말린 후에 수납하세요.

저녁 9시는 옷장 점검 타임

"옷장은 여성의 무기고 같은 거로군" 하고 감탄하던 남성이 있었어요. 실제로 우리의 옷장에는 '이 옷을 입으면 기분이 좀 달라진다' 싶은 중요한 장비, 그러니까 옷이 미어질 정도로 촘촘히 걸려 있죠.

언젠가는 내 무기들을 황홀하게 감상할 수 있는 옷장이나 옷방을 갖고 싶지만, 그런 날은 요원할 뿐이니……. 그냥 오늘은 시간을 조금 내어 작은 점검을 해볼까요?

모두가 알고 있지만 실행하지 못하는 일이 있죠? 입지 않는 옷을 옷장에서 없애면 옷을 꺼내 입기 쉬워질 텐데, 아무도 이 '재고 정리'를 못 하고 있잖아요. 그러니 일단 옷장을 정리하고자 마음먹었다면 빠르고 확실하게 진행해보자고요.

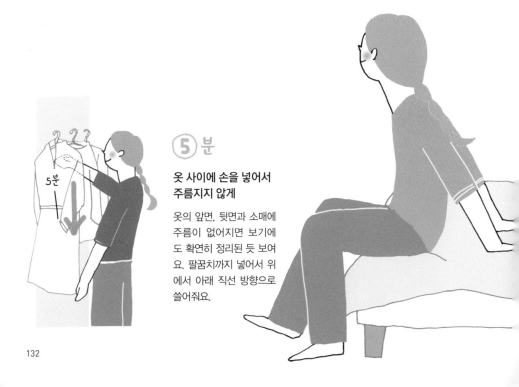

5분

⑤분

옷 사이에 손을 넣어서 주름지지 않게

옷의 앞면, 뒷면과 소매에 주름이 없어지면 보기에도 확연히 정리된 듯 보여요. 팔꿈치까지 넣어서 위에서 아래 직선 방향으로 쓸어줘요.

③ 분

옮기기 쉽게 모아놓기

옷걸이와 입지 않는 옷은 종이 쇼핑백에 넣어서 모아놓으세요.

some days

언젠가는 옷걸이를 전부 바꾼다

옷걸이를 한 종류로 통일하면 미적 감각이 느껴지는 옷장이 됩니다!

⑩ 분

확실히 입지 않는 옷을 찾는다

전투력을 이미 상실한 옷을 찾아보세요. 버릴 것인지는 나중에 생각하고, 일단 의사 표명 단계라 여기며 옷장에서 내놓는 거죠. 이것으로 한 발 전진!

⑤ 분

사용하지 않는 옷걸이를 치운다

사용하지 않는 옷걸이나 쇼핑백을 정리하세요. 나중에 쓰겠다고 쌓아두면 쓸데없이 공간만 차지합니다.

내일의 코디도 오늘 밤에 하자

바쁜 아침에 해야 할 일을 하나라도 줄이고 싶지 않으세요? 그러니까 상대적으로 여유가 있는 밤에 내일 입을 옷을 미리 코디해두자고요. 잠자리에 들기 전에 2분 정도 투자하면 다음 날 아침이 훨씬 여유로워진답니다.

입을 옷을 옷걸이에 세팅하면 자신의 옷을 객관적으로 볼 수 있기도 해요. "너무 어두워 보여"란 느낌이 든다면 바로 밝은색을 투입해야겠죠?

아침 시간을 여유롭게 만드는 저녁 습관

자기 전에 정해놓으면 다음 날 아침에는 준비된 것을 그저 입기만 하면 됩니다. 바쁜 아침에 작은 여유가 생긴답니다.

옷걸이에 내일 입을 옷 세팅

옷걸이에 상의·하의와 가방까지 풀 세팅. 전체를 객관적으로 훑어보게 되니까 언밸런스한 코디를 방지할 수 있어요.

이때도 고리가 도움이 돼요.

액세서리도 밤에 결정하기

옷걸이에 옷을 걸어놓고 그 위에 액세서리를 대보면서 검토하세요. 작은 일이긴 하지만 생각할 것이 또 하나 줄어들어요.

액세서리는 작은 쟁반에 모아놓으면 선택하기 쉬워요.

가방에서 광채가~

이왕이면 가방도 정리

하는 김에 가방 속에 흩어져 있는 서류나 문구류도 깔끔하게 정리하세요. 앞날을 준비하는 마음으로 말이에요!

공간이 나뉜 A4 사이즈 파일에 여러 안건을 나누어 관리하세요.

일정에 맞춰서 스타일링을 할 때

이왕이면 즐겁게 옷을 고르고 싶지 않나요?
캐리어우먼처럼 입어볼까? 아니면 소녀처럼?
내일의 일정에 맞추어 변신해보자고요.

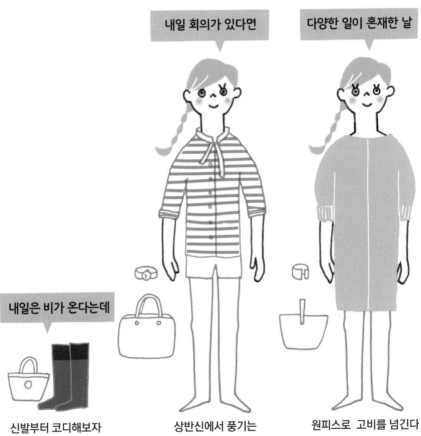

내일 회의가 있다면

다양한 일이 혼재한 날

내일은 비가 온다는데

신발부터 코디해보자

궂은 날에는 발에서부터 생
각해봅시다. 물에 젖어도
괜찮은 가방과 함께 '비 오
는 날 세트'를 맞춰놓으면
편리해요.

상반신에서 풍기는
인상을 고려한다

자리에 앉았을 때 정갈한 인
상을 주는 셔츠나 스카프를
이용해. 자신이 어떻게 보이
고 싶은지를 떠올려보세요.

원피스로 고비를 넘긴다

회의, 미팅, 친구와의 식사자
리까지, 원피스라면 어떤 상
황에서도 OK! 딱딱한 자리가
많다면 네크라인이 깊게 파
이지 않은 것으로 하세요.

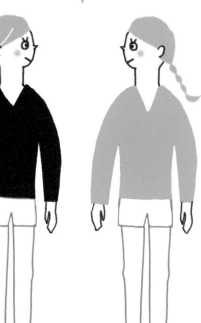

저녁 약속이 있다면

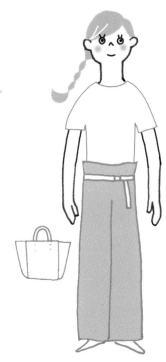

특별한 일정이 없다면

컬러를 생각한다

점잖은 레스토랑이라면 너무 튀지 않도록 짙은 색을, 신나고 유쾌한 만남이 될 것 같다면 화사한 색의 상의를 입는 거죠.

새로 산 옷을 떠올린다

아무 약속도 없는 날은 오히려 나를 위해 꾸며봅시다. 최근에 산 옷을 개시해볼까? 새로운 스타일은 어떨까? 두근두근 설렘을 즐겨보세요.

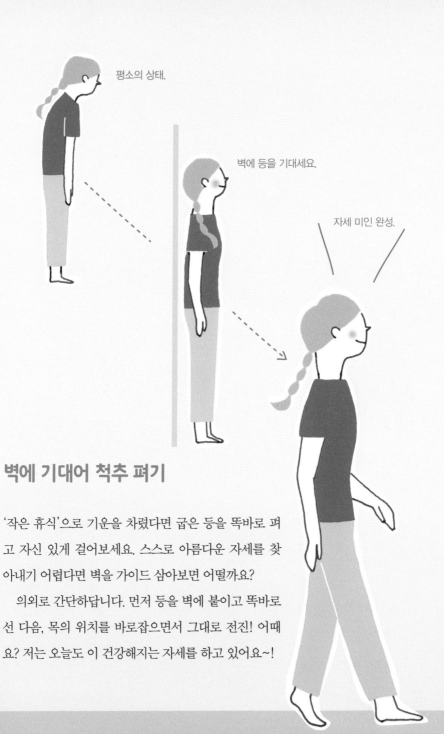

평소의 상태.

벽에 등을 기대세요.

자세 미인 완성.

벽에 기대어 척추 펴기

'작은 휴식'으로 기운을 차렸다면 굽은 등을 똑바로 펴고 자신 있게 걸어보세요. 스스로 아름다운 자세를 찾아내기 어렵다면 벽을 가이드 삼아보면 어떨까요?

의외로 간단하답니다. 먼저 등을 벽에 붙이고 똑바로 선 다음, 목의 위치를 바로잡으면서 그대로 전진! 어때요? 저는 오늘도 이 건강해지는 자세를 하고 있어요~!

입꼬리를 올려서 스마일

일하고 있을 때 자신의 얼굴을 보고 놀란 적 없나요? "이게 나야? 왜 이렇게 무서운 얼굴을 하고 있지?" 그저 열심히 일하고 있었을 뿐인데 말이죠.

　모르는 사이 굳어 있는 얼굴 전체를 계속 의식하는 건 힘드니까 그냥 웃는 얼굴의 시작인 입꼬리만이라도 올려보자고요. 사람은 입꼬리를 올려서 만드는 억지 미소로도 기운을 차린다고 하잖아요.

　뭔가 공짜로 얻어가는 기분이 들기도 해요. 나에게도 좋고, 주위에도 좋은 입꼬리 올리기!

　자, 당장 시작해볼까요?

139

자, 오늘도 시작해보는 거야

질 자면 머리가 맑아져서 일도 순조로워지고, 잘 챙겨 먹으면 저녁까지 기운이 나죠. 제대로 쉬면 마음에도 여유가 생긴답니다.

하루하루의 '작은 휴식'은 말 그대로 작은 일일 뿐이지만, 자신을 단단하게 해주는 바탕이 됩니다.

이것이 '땅에 발을 붙인다'는 뜻인지도 모르겠어요. 발밑이 견고하면 일이나 시간에 쫓길 때라도 균형을 무너뜨리지 않고, 아무리 센 바람이 불어온다고 해도 맞서 나아갈 수 있으니까요.

다녀오겠습니다~

자신을 지킬 수 있다는 것이야말로 진짜
강해지는 거잖아요.
　자, 오늘도 시작해볼까요? 밖에서 아무리
심한 일을 당한다 해도 이제는 걱정 없어요.
녹초가 되어 돌아오면 푹 쉴 수 있는 집이
기다리고 있으니까요.

당신의 집으로 돌아갈 시간

일의 특성상 저는 일하는 여성들과 만나는 일이 잦아요. 도심에서 왕성하게 활동하는 여성, 지방에서 기운차게 활동하는 여성, 육아와 일을 병행하며 이리 뛰고 저리 뛰며 보내는 여성까지.

모두 바쁘게 살아가지만, 피곤하다는 소리는 입으로도, 얼굴로도 표현하지 않아요. 그저 묵묵히 각자의 자리에서 제 몫을 해내기 위해 노력하고 있을 뿐이죠.
그 자세가 너무도 기특하고 늠름해 보여서, 저는 그들이 늘 자랑스럽습니다.
이 책은 특히나 일상 속에서 그들의 '쉬는 시간'이 조금이라도 늘어나면 좋겠다고 생각하며, 그들에게 보탬이 되고자 쓴 것이기도 해요.

수년 전 저는 한 강의에서 이런 말을 한 적이 있어요.

"여성은 태어나면서부터 전구처럼 밝은 존재입니다.
아무도 우리의 존재에 감사도 칭찬도 하지 않지만,
가족이나 직장, 주변의 사람은 분명 당신을 보고 마음이 밝아질 겁니다."

전구는 유리 소재여서 상처 입기 쉽지만, 안에는 뜨겁고 밝은 광원이 있죠.
약함과 강함을 동시에 품고 나날이 빛을 내면서요.
우리도 하루하루의 '작은 휴식'을 관리하면
흐려지거나 깨지는 일 없이 계속 빛날 수 있을 거예요.

빛의 크기나 비추는 장소는 달라도
모두가 각자의 장소에서 조용히 주위를 밝히면서 말이죠.
당신의 내일도 반짝반짝 빛나기를!

가와카미 유키
yl.

토닥토닥 수고했어 오늘도

펴낸날	초판 1쇄 2017년 10월 25일
지은이	가와카미 유키
옮긴이	박진희
펴낸이	심만수
펴낸곳	(주)살림출판사
출판등록	1989년 11월 1일 제9-210호
주소	경기도 파주시 광인사길 30
전화	031-955-1350 팩스 031-624-1356
홈페이지	http://www.sallimbooks.com
이메일	book@sallimbooks.com
ISBN	978-89-522-3808-5 03590

※ 값은 뒤표지에 있습니다.
※ 잘못 만들어진 책은 구입하신 서점에서 바꾸어 드립니다.

이 도서의 국립중앙도서관 출판시도서목록(CIP)은 서지정보유통지원시스템 홈페이지
(http://seoji.nl.go.kr)와 국가자료공동목록시스템(http://www.nl.go.kr/kolisnet)에서
이용하실 수 있습니다.(CIP제어번호: CIP2017025287)

책임편집·교정교열 **송두나**